Edizioni PensareDiverso
Cenacolo Jung Pauli

Bruno Del Medico

Vai tā notiek arī ar tevi?

Dīvainas sakritības, priekšnojautas, telepātija, pravietiski sapņi. Karla Junga kvantu sapīšanās un sinhronitāte izskaidro šos noslēpumainos faktus.

Bruno Del Medico Editore
Edizioni PensareDiverso
edizioni@delmedico.it

Šīs grāmatas rādītājs.

Ievads tekstā.

Kopš pirmās apziņas attīstības cilvēce ir sapratusi, ka daži būtiski fakti nav radušies nejaušības dēļ. Neizskaidrojami fakti ir signāli, caur kuriem augstāks, filozofiskais vai dievišķais, līmenis mēģina sazināties ar cilvēku sirdsapziņām.

Diemžēl materiālistiskā zinātne pēdējos trīs gadsimtos šos uzskatus ir iznīcinājusi. Bet 1980. gadā kvantu fizikas eksperimenti parādīja, ka pastāv arī cits Visums, psihisks.

Šajā jaunajā dimensijā enerģijai un informācijai nav telpas vai laika ierobežojumu.

Kvantu fizika apstiprina daudzas senas atziņas. Piemēram, grieķu filozofa Platona izstrādātā koncepcija "Pasaules dvēsele", kā arī Karla

Gustava Junga izstrādātā "kolektīvās zemapziņas" teorija.

Šī grāmata izvairās no zinātniskām formulām un tehniskiem aspektiem un palīdz lasītājam izprast daudzos līmeņus, kas veido vienotu realitāti. Faktiski papildus fiziskajam līmenim, ko mēs zinām, ir arī daudzi citi. Piemēram, ir "kvantu" līmenis, t.i., elementārdaļiņu līmenis, kurā notiek materiālistiskā zinātnē par neiespējamām uzskatītas parādības. Elementārdaļiņu jomā mēs atrodam "nelokalitātes" līmeni, kurā laiks un telpa vairs nepastāv.

Šajā zināšanu ceļā pat ekstrasensoras izpausmes, piemēram, telepātija un vīzija par to, kas notiks nākotnē, kļūst par svarīgu pārsteidzošas realitātes sastāvdaļu.

"Nejaušas sakritības" un nozīmīgas sakritības.

Sakritība sastāv no diviem faktiem vai notikumiem, kas ir savstarpēji saistīti, lai noteiktu loģisku secību. Tas var būt tīšs, plānots vai nejaušu apstākļu dēļ. Klasiski vēlamo un ieprogrammēto savienojumu piemēri ir tie, ko iepriekš nosaka autotransporta līnijas; pamatojoties uz noteiktiem kustības grafikiem, viena transportlīdzekļa pienākšanai seko cita transportlīdzekļa atiešana. Nekas ierastāks. Tad ir nejaušas sakritības, kas notiek, kad tās nebija plānotas. Piemēram, es aizeju uz lielveikalu, aizeju pie delikatešu letes un manai rezervācijai ir numurs 64. Tad es eju uz maiznīcu un arī šeit rezervācijai ir numurs 64. Viss ļoti parasts; sakritība varētu kļūt ziņkārīga, ja, izejot ārā, man būtu jābrauc ar 64. autobusu, kurā satiktu draugu, kuram tajā pašā dienā apritēs 64 gadi. Ja tad pēc laba vēlējumu formulējuma, izkāpjot no autobusa, apstātos pie avīžu kioska Via Roma 64, lai iegādātos sava mīļākā žurnāla numuru 64, es varētu sākt domāt, vai numura atkārtošanā nav kaut kas dīvains. 64.

Patiesībā šādas sekvences notiek ar noteiktu frekvenci, bet mēs to nepamanām, jo esam aizņemti ar domām par kaut ko citu. Tāpēc šīs sakritības, kas saistītas ar skaitli vai tamlīdzīgi, lai arī dīvainas, bet mums slīd pāri un neiegūst mums nozīmi, proti, nekļūst nozīmīgas.

Viņi varētu kļūt par tiem, ja mēs pamanītu skaitļa atkārtošanos un sāktu likt smadzenēm strādāt, domājot, kāda jēga tam visam ir.

Veca fotogrāfija.

Džovannai B. kļuva garlaicīgi. Tajā svētdienas pēcpusdienā neliela sastiepuma dēļ viņa bija spiesta palikt mājās. Pāršķirstījis visas grāmatas un velti meklējis televīzijā kādu interesantu raidījumu, viņš nolēma darīt ko noderīgu. Piemēram, viņa būtu varējusi cieši saritinātā futrā pakārt plakātu, kuru gaidīja dažus mēnešus, taču tas šķita pārāk liels varoņdarbs. Viņš izvēlējās citu mazu darbu, ko viņš bija plānojis paveikt mēnešiem ilgi, tas ir, nomainīt oderes papīru savā galda atvilktnē.

Atvilktne bija plata un dziļa. Viņš to izņēma un sāka likt visu saturu kastē. Izvilkot atsevišķos priekšmetus, viņš brīnījās par tik daudzu sīkumu atrašanās vietu, ko viņš bija uzskatījis par pazaudētām.

Pabeidza iztukšošanu, viņš atbrīvoja veco papīru no zīmēšanas tapām, kas to turēja, un saburzīja, lai izmestu. Ar lielu pārsteigumu viņš atklāja nelielu papīra taisnstūri, kas bija noslīdējis tieši zem papīra oderes: tā bija veca fotogrāfija, kas tur bijusi, kas zina, cik gadus. Patiešām, šajā attēlā Džovanna bija daudz jaunāka un tika attēlota kopā ar dažiem draugiem ceļojuma laikā, kas aizsākās vismaz divdesmit gadus agrāk. Viņš ar nostalģiju sāka pētīt fotoattēlā atveidotos varoņus. Protams, tas bija Paolo, un tas bija Serhio, Sgincio, un tā bija Arianna, kas pazīstama kā La Micia... Viņi visi bija draugi, kurus viņš joprojām apmeklēja, pat ja visi līdz šim dzīvoja dažādās situācijās.

Bet tas puisis starp Lauru un Silvio, apaļīgais, kas viņš bija? Viņš piespieda sevi atcerēties un beigās bija apskaidrība: bet jā, tas bija "Olis". Vidusskolas beigās viņš ģimenes darba vajadzību dēļ bija mainījis pilsētu un pamazām kontakti bija vājinājušies, lai pēc tam pazustu.

Ilgu laiku viņa bija aizņemta ar fantaziju par to savas dzīves periodu, skolu, draugiem (tiem, kurus viņa atcerējās) un tagad šo Oļu, kas tik pēkšņi parādījās tajā garlaicīgajā pēcpusdienā. Viņš nomainīja papīru, nolika atpakaļ atvilktni un tajā vakarā vairs par to nedomāja.

Nākamajā pēcpusdienā, kad viņa pēc iespējas labāk veica dažus mājsaimniecības darbus, zvanīja tālrunis. Vai jūs tam noticētu? Otrā līnijas galā atskanēja balss:

"Sveika, vai tu esi Džoanna? Nezinu, vai tu mani atceries, mēs kopā gājām vidusskolā un tu mani sauci par Oļi... Vakar, atskatoties uz tiem laikiem, es gribēju atkal atrast savus vecos draugus. Pirmais numurs, ko atradu vecajā adrešu grāmatā, ir tavs..."

Divi nesaistīti fakti var radīt būtisku sakritību.

Ir skaidrs, ka fotoattēla atklāšana pati par sevi bija tikai kuriozs fakts. Taču telefona zvans nākamajā dienā izveido savienojumu, kam Džovannai ir "noslēpumaina nozīme" un kas padara sakritību nozīmīgu.

Mēs visi bieži esam līdzīgu notikumu liecinieki vai varoņi; sākumā esam nedaudz izbrīnīti, bet tad nolemjam, ka tas tomēr ir gadījums, lai arī kuriozs, un visu arhivējam kaut kādā prāta stūrītī.

Patiesībā "dīvaina sakritība" ne vienmēr ir vienāda ar "parastu nejaušību". To pierāda fakts, ka dažas sakritības rada problēmas mūsu prātos, kas paliek neatrisinātas visu mūžu un laiku pa laikam uzpeld, rosinot mūsu zinātkāri kopā ar neskaidru noslēpuma sajūtu. Mums ir aizdomas par paziņojumu, ko neesam saņēmuši, norādi vai svarīgu ieteikumu, ko neesam spējuši aptvert.

Kā norāda pazīstamais psihoterapeits Karls Gustavs Jungs, kurš ilgstoši pētījis šo fenomenu un izstrādājis daudzas vēlāk šajā grāmatā aprakstītās teorijas, sakritības bieži vien noteikti ir nejaušības dēļ, taču reizēm tās nav bezjēdzīgas. Jungs izvirzīja hipotēzi par tādu sakritību esamību, kuras varētu uzskatīt par nozīmīgām vai pat "apsegtas ar sakralitāti", un viņš tām izdomāja nosaukumu "sinhronitāte".

Junga nopelns bija pirmais, kurš zinātniski pētīja dīvaino sakritību fenomenu, kuru eksistenci neviens nevar noliegt, sniedzot arī piemērotus instrumentus, lai saprastu, kad sakritība var tikt uzskatīta par nozīmīgu jeb "numinozu", tādējādi kļūstot par sinhronitāti.

Dabiski, ka nepietiek ar to, ka nošķir triviālas sakritības un "sinhronās" sakritības. Mēs varam konstatēt, ka triviālas sakritības ir daļa no ikdienas dzīves un izriet no mūsu darbību pārklāšanās un savišanas ar apkārtējās pasaules aktivitātēm: tām ir raksturīgs tas, ka mēs tās uztveram kā pašsaprotamas un mūs neiesaista.

No otras puses, nozīmīgas sakritības paver milzīgu logu uz noslēpumainu panorāmu un iepazīstina mūs ar pasaulēm, par kurām mēs pat nenojaušam. Aiz katras sinhronitātes ir veseli nezināmi Visumi, kas jāizpēta, un ir pieejamas milzīgas zināšanas. Diemžēl mums nav acu, lai atšifrētu šīs panorāmas, un mēs nezinām valodu, kurā sinhronitātes cenšas ar mums sazināties. Starp mūsu prātu un prātu, kas sakārto mūsu vietā sinhronitāti, pastāv noskaņošanas problēmas.

No loga lido maza statuja.

Santi Archangeli baznīcas vecais zakristietis Remigia kārtējo reizi novēroja meiteni, kura, kā nereti gadījās, pēc ienākšanas nometās ceļos pie pēdējā sola, brīžos, kad nebija nekādu funkciju. Viņš vienmēr redzēja viņu ļoti iegrimusi lūgšanā, un viņš pamanīja arī viņas skumjo sejas izteiksmi. Tomēr tajā dienā viņa domāja, ka redz arī mirdzošu asaru, tāpēc Remidža, viņas dabiskās laipnības, bet arī zināmas ziņkārības aizkustināta, gaidīja, kad viņš piecelsies. Kad sieviete gāja prom, Remigia piegāja pie viņas, cenšoties uzsākt ar viņu sarunu, lai noskaidrotu diskomforta cēloni. Sirsnīgā domu un viedokļu apmaiņā viņš ieguva pārliecību: meitene, kuras vārds bija Sabrina, vairs nebija ļoti jauna un labprāt atrastu draugu un izveidotu ģimeni. Remidža viņu mierināja un ieteica, cik vien labi varēja, atceroties, ka starp viņas zakristieša lomām bija arī suvenīru tirdzniecība, viņa labi domāja beidzot atbrīvoties no mazās Sanrafaeles statujas, vienas no trim. Erceņģeļi, kas vairākus gadus nepārdots aiz stikla.

"Redziet Sabrīnu," viņš teica, vedot viņu uz vitrīnu. Es ieteiktu jums katru dienu lūgt Sanrafaelu, kurš ir tieši saderinātu pāru un laulāto mīlestības aizstāvis. Vai redzat šo statueti, kas ir Neapolē glabātā sudraba oriģināla kopija? Tajā attēlots Erceņģelis Rafaēls ar jaunekli un zivi viņam blakus. Jaunekli sauca Tobiass, un viņš bija devies ceļojumā, lai apprecētu jaunu sievieti vārdā Sāra. Diemžēl Sāru bija apsēdis dēmons Asmodejs, tāpēc katru reizi, kad viņa apprecējās, viņas vīrs nomira kāzu naktī, un tas bija noticis jau septiņas reizes. Mūsu jaunietis taču nezināja, ka būs astotais. Ceļojuma laikā Tobiasu pavadīja Erceņģelis Rafaēls. Vienā pieturā viņš pietuvojās upes krastam, kur viņam uzbruka liela zivs. Raffaele palīdzēja viņam viņu nogalināt un lika viņam izņemt aknas un paturēt tās, jo tas viņam nesīs veiksmi.

Tobiass sasniedza galamērķi un gatavojās svinēt kāzas. Pa to laiku arī sievastēvs jau gatavoja viņam kapu. Taču šoreiz bedrei nebija nekāda labuma. Ar Raffaele aizsardzību, pirmo nakti pavadot lūgšanās un dedzināt zivju aknas, abi jaunekļi sakāva velnu, Sāra bija brīva un viņi ilgi dzīvoja laimīgi.

Arī jūs varat paļauties uz Raffaele. Novietojiet šo statueti mājās un izlasiet lūgšanu, ko es jums teikšu katru dienu: jūs redzēsiet, ka Erceņģelis drīz nāks jums palīgā.

Iedomājieties, ka pat mūsu laikos Neapolē 29. septembrī daudzas meitenes dodas apmeklēt statuju, lai atrastu labu vīru

Sabīna piekrita, nopirka statueti, nolika to uz skapja mājā un katru dienu skaitīja savu lūgšanu. Viena nedēļa, viens mēnesis, trīs mēneši...

Līdz ceturtajā mēnesī īpašā mazdūšības brīdī viņš paņēma mazo statuju un ar nicinošu skatu uz to nomurmināja: "Kas San Raffaele! Pat viņš man nepalīdz!" To sacījis, viņš izmeta mazo statuju ārā pa logu.

Pēc dažām minūtēm viņš dzirdēja durvju zvanu. Viņš atvēra durvis un ieraudzīja cienījamu kungu, kurš ar zināmu apmulsumu sacīja:

"Atvainojiet, es redzēju šo figūriņu nokrītam no loga, man šķiet, ka tā nāca no šī dzīvokļa, tāpēc es domāju, ka es to atnesīšu."

Sabīna pārsteigta lika viņam apsēsties, piedāvāja kafiju, viņi runāja par šo un to, un Sabrina uzzināja, ka šo laipno kungu sauc Džulio, un viņš dzīvo celibātā. Viņi nolēma atkal satikties, pēc tam bieži izgāja kopā un beidzot apprecējās.

Kārļa Junga psihiskā sinhronitāte.

Kur Sabrinas gadījumā sākas sakritība, pareizāk sakot, sakritību virkne? Kad Sabrina nolemj katru dienu doties uz Svēto Erceņģeļu baznīcu? Kad ziņkārīgā Remidža liek Sabrinai uzticēt viņai savas problēmas? Vai arī tad, kad maza statuja gadiem ilgi bija nepārdota? Vai arī tad, kad Džulio paiet zem loga tieši tad, kad Sabrina izmet figūriņu?

Mēs saskaramies ar daudziem faktiem, kas nav saistīti viens ar otru un ir diezgan atšķaidīti laikā, bet, ja mēs tos visus aplūkojam kopā, tie iegūst nozīmi, tas ir, tie kļūst nozīmīgi: kopumā tie veido sinhronitāti.

"Nozīmīgs" ir termins, kas attiecas uz kaut ko, kas nozīmē vai izsaka nozīmi. Fakts ir nozīmīgs, ja tas apzīmē "zīmi", "mājienu" par kaut ko. Zīmīgs fakts ir daiļrunīgs, ievērojams, būtisks.

Tā vietā "numinoss" nozīmē: "svētuma aura ieskauts." Tas ir kaut kas tāds, kas iedveš gan bailes, gan godbijību.

Mūsu gadījumā sakralitāte acīmredzot neizriet no apstākļa, ka mēs runājam par svētā statueti, bet tam ir plašāka nozīme, tas ir, tas apzīmē faktu kā īpašas godbijības cienīgu un spējīgu izraisīt garīgas bailes.

Abas manis piedāvātās epizodes, Džovannas un Sabrinas epizodes, var uzskatīt par sinhronām epizodēm, jo to īpašības atbilst Junga norādītajām, lai noteiktu, vai epizode ir vai nav sinhrona. Pēc Junga domām, sinhronitātes īpašības galvenokārt ir trīs.

Pirmā iezīme ir tāda, ka divus vai vairākus faktus, kas veido sinhronitāti, nesaista cēloņu un seku attiecības. Tikko redzētajā piemērā ir acīmredzams, ka tālruņa zvans, kas saņemts no Siotolo, nav sekas tam, ka Džovanna atklāja fotogrāfiju, tāpat kā Sabrina iemeta statuju un eja zem Džulio loga nav citas sekas.

Otra iezīme ir tāda, ka faktus pavada iesaistīto emocionālā reakcija. Pirmajā gadījumā Džovanna aizdomājas par to, ko viņai ir grūti definēt vienkārši kā gadījuma raksturu. Otrais gadījums Sabrina ir tik patīkami iesaistīta, ka apprecas ar Džulio.

Trešā īpašība ir faktu simboliskais raksturs, kas padara tos grūti saprotamus; bet pat tad, kad neizdodas saprast, kāpēc tie notika, viņš nojauš, ka tie slēpj kādu nozīmi, kas būtu jāatšifrē. Izsakoties tā, kā Jungam gribētos, šiem faktiem ir "numinozs" raksturs.

Kolektīvā bezapziņa un arhetipi.

Lai pilnībā izprastu sinhronitātes jēdzienu, mums jāiedziļinās Junga teorijās, ieviešot argumentu, bez kura nebūtu saprotama to izcelsme vai darbība. Jungs teoretizē jēdzienu vai vienību, kas ir pilnīgi jauna cilvēka domāšanas evolūcijā, un sauc to par "kolektīvo zemapziņu". Savos pētījumos Jungs izvirza hipotēzi, ka cilvēka psihi var iedomāties kā atšķirīgu trīs līmeņos.

Apziņas līmenis jeb apziņa.

Pirmais ir apziņas līmenis jeb apziņa. Šeit atrodas viss, kas mums ir zināms par mums pašiem un vidi ap mums. Karls Jungs raksta:

> "... Tāpēc mana tēze ir šāda: papildus mūsu tiešajai apziņai, kas ir pilnīgi personiska, pat ja mēs pievienojam personīgo zemapziņu kā pielikumu, pastāv arī otra kolektīva, universāla un bezpersoniska psihiskā sistēma. daba, kas ir identiska visos indivīdos. Šī kolektīvā bezapziņa neattīstās individuāli, bet tiek mantota. Tā sastāv no iepriekš

pastāvošām formām, arhetipiem, kas var kļūt apzināti tikai vēlāk."

"The collective unconscious is a part of the psyche. It can be distinguished from the personal unconscious by the fact that it does not owe its existence to personal experience and therefore is not a personal acquisition.

The Individual unconscious is essentially made up of contents that were present in the consciousness, but then disappeared because they were forgotten or removed.

Instead, the contents of the collective unconscious have never been present in consciousness and therefore have never been acquired individually, but owe their existence exclusively to inheritance.

The individual unconscious consists mainly of complexes. Instead, the content of the collective unconscious is essentially formed by archetypes.

My thesis, therefore, is the following. There is a first psychic system, which includes our individual consciousness. It also includes the personal unconscious. Beyond this, there is a second psychic system of a collective and universal nature, which does not refer to the individual sphere but is identical in all individuals.

This "collective unconscious" does not develop in individuals, but is inherited. The collective unconscious consists of "pre-existing forms", the archetypes. "

Tāpēc, saskaņā ar Jungu, ir apziņas līmenis, kas atrodas ārpus mūsu prāta, kas nav ierobežots ar mūsu smadzeņu apvalku, bet ir atdalīts no mūsu personas un ir neatkarīgs no mūsu fiziskuma. Tas ir psihisks līmenis, kas nekur nevar atrasties. Tā nav "lieta" ar garumu, platumu, augstumu un svaru, ko var ņemt no šejienes un pārvietot uz turieni. Vienkārši kolektīvā zemapziņa ir, pastāv tāpat kā mūsu dvēsele vai koka vecums vai ūdens plūsma upē. Neviens nevar ne redzēt, ne izsvērt priekšstatu par koka vecumu vai upes tecējumu, taču nenoliedzami tie ir.

Kolektīvā zemapziņa ir absolūti psihiska realitāte, kas satur visu cilvēku pieredzi un uz kuru var balstīties visi cilvēki. Visa cilvēces pieredze ir klātesoša kolektīvajā zemapziņā arhetipu veidā. Šodien mēs teiktu, ka visa informācija, kas attiecas uz cilvēci, tiek glabāta failu veidā, ko sauc par arhetipiem.

Tā kā visi cilvēki var mijiedarboties ar kolektīvās zemapziņas arhetipiem, no tā izriet, ka mums ir daudz zināšanu, kuras mēs neesam pieredzējuši.

Kamēr es rakstu šos vārdus, manā rakstīšanas sistēmā datorā ir iebūvēta vārdnīca un gramatikas pārbaudītājs. Es ignorēju šīs sistēmas esamību, līdz pieļauju rakstīšanas kļūdu. Kad es pieļauju kļūdu, sistēma man paziņo. Pirmās pāris reizes es stāvēju, skatoties uz mazajiem vārdiem, ko programma "Word" pasvītroja ar sarkanu, un nesapratu, kāpēc. Pamazām pieradu un pamanīju, ka sarkanais pasvītrojums norāda uz kļūdu, pat ja tas nenorāda par kādu kļūdu. Būtu interesanti, ja manu rakstu skaistākie prievārdi parādītos ar zilu pasvītrojumu, lai norādītu uz kādas noslēpumainas programmatūras sadaļas apmierinātību. Varbūt es joprojām nesaprastu, jo dators izsaka sevi ar formām, kas nav uzreiz saprotamas.

Sinhronisms ir kaut kas līdzīgs šim. Tie ir signāli, kas mums nāk no gramatikas pārbaudītāja, kurš zina, kur atrodas, izkliedēts milzīgā mākonī, ko saņemam grūti atšifrējamā valodā. Reizēm arhetipi izslīd no kolektīvās zemapziņas un ietekmē mūsu apziņu. Tas rada epizodes, kuras ir grūti saprast. Mēs aptveram slēptās nozīmes klātbūtni, bet īsti neizprotam tās nozīmi.

Ideja, kas ir tikpat veca kā cilvēks.

Jungam bija priekšrocība atklāt savu tēzi par kolektīvo zemapziņu saskaņā ar zinātniskās stingrības kritērijiem, taču ideja nebūt nav jauna. Kopš cilvēces rītausmas un kopš pirmajām cilvēka domāšanas izpausmēm, ko mēs varam zināt šodien, ir acīmredzama ticība augstākam psihiskajam līmenim, "ideju" pasaulei, kas ir atrauta no materiālās realitātes, bet parasti dominē tajā.

Ikreiz, kad dabas objektos, piemēram, saulē vai mēnesī, ir identificēta dievība, šim objektam vienmēr ir piedēvēta griba. Saule lec un riet katru dienu, lai dotu dzīvību zemei, taču tai ir griba, kuras dēļ tā varētu arī nolemt to nedarīt: tāpēc ir nepieciešams to cienīt, godināt to un pēc tam organizēt kultu un upurēt. lai to iepriecinātu.

Paleolīta un neolīta animistu reliģiju uzskati drīz vien tika pārveidoti klasiskajā senās Grieķijas periodā par rafinētāku pasaules dvēseles jēdzienu (latīņu valodā pazīstama arī kā Anima Mundi). Šis ir filozofisks termins, ko platonisti lieto, lai norādītu uz dabas vitalitāti tās kopumā, tas ir, tiek uzskatīts par līdzīgu vienam dzīvam organismam. Taču tajā pašā laikā pasaules dvēsele ir cieši saistīta ar katra dvēseli; tāpēc tas nozīmē Visumu, kurā viss ir viens. Tomēr šajā unikālajā Visumā tiek saglabāta visa individualitāte.

Sadarbībā ar Volfgangu Pauli (Nobela prēmija fizikā) Jungs pētīja iespēju, ka arhetipa un sinhronitātes jēdzieni varētu būt saistīti ar realitāti, ko viņš definēja kā "Unus mundus", no kuras viss rodas un kurā viss atgriežas; tieši tas pats ir Anima mundi jēdziens, kas nāk no Platona monisma un ko paplašināja neoplatonisti.

Filozofijas un reliģijas ir bagātīgi izveidojušas savu pasaules dvēseles jēdzienu, kas mūsdienās sastopams ar dažādiem nosaukumiem gan Austrumu filozofijā (ķīniešu kultūras Tao vai Indijas kultūras Ātmans), gan Rietumu reliģiozitātē (Dievs, Svētais Gars). Ir arī ļoti daudz nereliģiozu veidu, kā atsaukties uz šo realitāti:

universālais prāts, globālā apziņa, pasaules gars. Runājot par kolektīvo zemapziņu, mēs atzīmējam, ka ar visām šīm būtnēm pastāv spēcīgas analoģijas.

Arhetipi.

Kolektīvā zemapziņa rada daudzas līdzības ar jēdzieniem, kas izstrādāti cilvēka kultūras evolūcijas gaitā. Cits jēdziens, kas saistīts ar Junga kolektīvo zemapziņu, proti, arhetipi, arī attīsta daudzas analoģijas. Arhetipi ir konceptuālas kategorijas, kas tiek pielīdzinātas arhaiskām struktūrām, piemēram, mītiem un reliģijām raksturīgām struktūrām, kā arī populārās kultūras pasaku varoņiem. Pats Jungs patiešām neapgalvo, ka būtu ierosinājis kaut ko jaunu, taču atzīst, ka viņa arhetipus var uzskatīt par līdzīgiem katra vēsturiskā laikmeta un katras cilvēku rases galvenajiem mitoloģiskajiem motīviem.

Tāpēc arhetipi var būt bezgalīgi, tāpat kā cilvēka domas spēja radīt reālas vai fantastiskas situācijas ir bezgalīga; no nāves arhetipa uz baiļu arhetipu līdz nežēlības arhetipam līdz žēlumam, pēc tam izejot cauri visām mūsu sapņu vīzijām, kur figūras kļūst par simboliem un līdz ar to arhetipiem, piemēram, zirgs, zirneklis, lēciens tukšums vai vilks mūs dzenā.

Jebkura figūra, ko mūsu prāts spēj iztēloties, kolektīvajā zemapziņā atrodas kā arhetips, ar nozīmi, kas neatbilst pašai figūrai realitātē, bet tai ir simboliska vērtība. Piemēram, zirgs ir simbols vēlmei ceļot uz garīgajām pasaulēm.

Pats Platons uzskata, ka arhetipi ir tas, uz ko mēs balstāmies bez tiešas pieredzes ar tiem, taču viņš to saista ar faktu, ka, pēc viņa teiktā, mēs tos esam redzējuši jau pirms dzimšanas. Lai atbalstītu šo teoriju, viņš izmanto reminiscences doktrīnu. Mūsu dvēsele pirms nolaišanās ķermenī dzīvoja Ideju pasaulē, kur ieguva savas zināšanas; Kad dvēsele ir nokāpusi ķermenī, tā saglabā šīs zināšanas. Tāpēc Platons saka: "Zināt ir atcerēties", jo mums būtu iedzimtas zināšanas.

Junga kolektīvā zemapziņa ir vieta, kur idejas (arhetipi) nav redzamas un pieejamas mūsu dvēselei pirms dzimšanas, bet parādās un darbojas mūsu individuālajā bezapziņā visas dzīves garumā. Dažreiz mēs uzskatām arhetipus par vispārīgiem un abstraktiem jēdzieniem. Jungs tos par tādiem neuzskatīja, jo abstraktumam nav formas. No otras puses, viņš ticēja, ka tie spēj pieņemt formas, lai atklātu sevi. Tā kā tie spēj pieņemt formas un izpausties mūsu bezapziņā, arhetipi ir psihiskās enerģijas avoti, kas ir gatavi izlādēt mums savu potenciālu caur sapņiem, sakritībām, priekšnojautām vai intuīcijām. Visas šīs parādības veido sinhronu epizožu pamatu.

Atšķirība starp Platona koncepciju, saskaņā ar kuru idejas zina dvēsele pirms nolaišanās ķermenī, un Junga koncepciju, saskaņā ar kuru arhetipi dzīves laikā mijiedarbojas ar individuālo zemapziņu, ir skaidrāka, ja ņem vērā, ka notiek arhetipu darbība. galvenokārt stresa, krīzes un pārvērtību brīžos.

Patiesībā cilvēka apzinātā daļa, kas ir racionālāka un sliecas pieņemt kompromisus ar dzīves realitāti, ir nemitīgā cīņā ar zemapziņu, instinktīvāka un iztēles bagātāka, kas bieži vēlētos iesaistīties slikti pārdomātā uzvedībā.

Rezultātā apziņa uzceļ un uztur stingru barjeru, lai neļautu zemapziņas putošanai. Tas ne vienmēr ir labi, un tas ne vienmēr darbojas. Ir reizes, kad barjera svārstās vai sabrūk.

Tie ir eksistenciālas krīzes brīži, piemēram, darba zaudēšana, attiecību beigas vai mīļotā cilvēka pazušana. Šādos gadījumos indivīda racionālā sirdsapziņa ir satraukta, viņš nesaprot, kas notiek, viņš brīnās par savas pārliecības pareizību un prāto, kur viņš varētu būt kļūdījies. Parastā racionalitāte saduras ar realitāti, kuru viņš nebija iedomājies tik jēlu un sāpīgu. Šādos gadījumos aizsargspējas tiek pazeminātas, barjera pārstāj būt nepārvarama un no zemapziņas izplūst psihiski materiāli, kas var izpausties sinhronitātes formā. Tāpēc sinhronitāte pati par sevi vienmēr pavada vajadzību pēc pārmaiņām vai paziņo par tām, vai ierosina tās, bet lielākoties tas notiek simboliskā formā ar ārkārtīgi grūti atšifrējamu valodu.

Starp Junga dokumentētajiem piemēriem visslavenākais, iespējams, ir tas, kas noticis kāda viņa pacienta ārstēšanas laikā. Savā esejā "Sinhronitāte kā cēloņsakarības princips", kas publicēta 1952. gadā, Jungs apraksta notikumu šādi:

> "Jaunai sievietei, manai pacientei, izšķirošajā ārstēšanas brīdī bija sapnis. Sapņā viņa saņēma dāvanā zelta skarabeju. Kamēr viņa man stāstīja šo sapni, es sēdēju ar muguru pret aizvērto logu. Pēkšņi aiz

muguras dzirdēju troksni, it kā kaut kas klusi klauvētu pie loga. Es pagriezos un ieraudzīju spārnotu kukaini, kas no ārpuses atsitās pret logu. Es atvēru logu un noķēru kļūdu. Tā bija tuvākā līdzība zelta vabolei, ko es varu atrast mūsu platuma grādos, proti, vabole, Cetonia aurata, parastā rožvabole, kas acīmredzot tieši tobrīd jutās spiesta pretēji saviem paradumiem iekļūt tumšā telpā. Jāpiebilst, ka šāds gadījums ar mani nebija noticis ne agrāk, ne pēc tam; pat šis pacienta sapnis manā pieredzē palika unikāls fakts.

"One patient had a dream at a decisive moment in the therapy. In the dream the young woman received a gold beetle as a gift. While she was telling me this dream, I was sitting with my back to the closed window.

Suddenly I heard a noise behind me, as if something was knocking softly against the window.

I turned and saw a winged insect that, from outside, bumped against the window. I opened the window and caught the insect. It was very similar to a gold beetle, that is, to a "Cetonia aurata", the beetle of roses.

Evidently, the insect had felt impelled, at that very moment, to enter our dark room. This, contrary to his habits.

I must add that such a case had never happened to me before and it never happened to me afterwards; That dream of the patient remained a unique fact in my experience. "

Pēc tam Jungs komentē, ka sieviete bijusi ārkārtīgi smaga paciente, kura līdz tai dienai nebija spērusi ne soli uz priekšu. Viņa bija ļoti racionālistiska sieviete pēc savas pārliecības, un, lai viņu satricinātu, būtu bijis nepieciešams iracionāls notikums, taču Jungs nespēja to radīt. Vaboles sapnis sievieti bija iespaidojis un jau bija sācis ieēst viņas iekšējās aizsargspējas. Tomēr, kad Cetonia Aurata faktiski ienāca pa logu:

"tā dabiskā būtība spēja izlauzties cauri bruņām, un arī pārveidošanās process, kas pavada ārstēšanu, varēja sākt pirmo reizi."

"Its natural essence succeeded in breaking the armor and the process of transformation that must always accompany a therapy, began to take off".

Turpinājumā Jungs skaidro notikumu psihoterapeitiskā izteiksmē un apraksta, kā epizode izrādījās efektīva pacienta atveseļošanā. Viņš atbilstoši norāda, ka vabole ir klasisks atdzimšanas simbols. Saskaņā ar aprakstu senēģiptiešu grāmatā Am-Tuat, Saules Dievs savā ceļojumā pēc nāves desmitajā stacijā pārvēršas par vaboli un tādā formā paceļas uz divpadsmito staciju, laivā, kas viņu ved, jaunībā, rītausmas debesīs, lai atdzimtu jaunai dienai.

Kā notiek sinhronitātes epizodes.

Sinhroniskums notiek pēkšņi, cilvēka dzīvē, kad viņa slimā psihe uztver kādu analoģiju starp viņu vajadzībām un arhetipiem, kuriem viņi var piekļūt caur savu bezapziņu. Faktiski arhetipi vēlas sadarboties indivīda labklājībā. Dažas teorijas apgalvo, ka arhetipiem ir iespēja autonomi iejaukties esošo ciešanu gadījumā.

Atšķirība ir būtiska. Pirmajā gadījumā mēs pieņemam psihisku konteineru, no kura mēs varam iegūt informāciju, kas vienmēr ir glabāta un pieejama lietošanai. Tomēr otrajā gadījumā tiek uzskatīts, ka pastāv augstāks intelekts, kas spēj zināt indivīdu vajadzības un spēj autonomi iejaukties, lai viņiem palīdzētu.

Vairumā gadījumu otrā hipotēze šķiet ticamāka. Analizējot dažādus sinhronitātes gadījumus, mēs visi varētu noteikt virzienu vai pat universālā Gara klātbūtni, tieši pasaules Dvēseli, kas spēj padarīt sevi klātesošu un darboties visu radību labā bez telpas un telpas ierobežojumiem. laiks.

Tādā veidā Visums kļūst par kaut ko savstarpēji saistītu, savītu (sapinies) katrā tā daļā, lai izveidotu vienotu lietu ar veselumu. Cilvēks pat savā individualitātē, tas ir savā ego, kļūst par molekulu, daļu no lielāka organisma, saprātīgā Kosmosa, kas viņu aizsargā un vada cauri sinhronām epizodēm.

Šo matērijas un prāta vienojošo realitāti Jungs nosauca par "psihoīdu". Tas ir līmenis, kas ir augstāks par matēriju un psihi, bet ietver abus.

Turklāt, kā mēs redzējām iepriekšējos piemēros, kolektīvā zemapziņa nepavisam neatgādina inertu noliktavu, bet šķiet, ka tai piemīt pagātnes un nākotnes inteliģence, ko nevar izskaidrot atbilstoši mūsu domāšanas kategorijām. Mēs esam pieraduši pie pasaules, kurā lietas notiek viena pēc otras, un katrs notikums ir iepriekšējā notikuma sekas un nākamā notikuma cēlonis.

Kolektīvā bezapziņas līmenī informācija arī nolaižas uz sirdsapziņu apgrieztā secībā, piemēram, kad priekšnojauta mūs brīdina par kaut ko, pirms tas notiek. Dažreiz "telepātisks zvans" mums norāda uz pašreizējām briesmām, ko var apdraudēt mīļais cilvēks, kurš atrodas simtiem jūdžu attālumā. Tas notiek tieši tajā brīdī, kad draud briesmas.

Ir tūkstošiem liecību par cilvēkiem, kuri nakts vidū pamostas ar sākumu, būdami murga upuri, kamēr tuviniekam uzbrūk vai iekļūst negadījumā. Ir arī neskaitāmas liecības par kāda attāla cilvēka nāves apzināšanos, tāpat kā tas notiek.

Sinhronistiskas parādības tipiskās īpašības varam apkopot dažos turpmākajos apgalvojumos.

Sinhronitāte ir divu vai vairāku viens ar otru nesaistītu galveno faktu rezultāts (summa), kas iegūst nozīmi tikai sinhronitātes saņēmējam.

No vienas puses, jebkurā vietā pasaulē un jebkurā brīdī, ko var saistīt simboliski, cilvēks saņem neapzinātu tēlu sapņa, priekšnojautas, telepātiskā aicinājuma, pēkšņas idejas, tieša vai simboliska attēla veidā.

Citur, jebkur pasaulē un simboliski sasaistāmā laikā kāds notikums vai fakts sakrīt ar neapzināto tēlu.

Liktenis vai sinhronitāte?

Amerikāņu rakstnieks Luiss L'Amūrs (Luisa Dīrborna LaMūra pseidonīms) savā tīmekļa vietnē stāsta par neticamu stāstu par Sāru Ričlijas kundzi, klusu mājsaimnieci, kuras dēls Pīters audzināja nepārvaramu aizraušanos ar jūru. Reiz kāds pieaugušais Pēteris, neskatoties uz pretējo viedokli un mātes bažām, nolēma doties ceļā un pavadīt savu dzīvi elementā, ko viņš tik ļoti mīlēja. Gan nolaidības dēļ, gan grūtību dēļ, kas ceļoja pa jūru, lai uzturētu sakarus ar cietzemi, māte un dēls zaudēja saikni.

Šis ir prologs, pēc kura stāsts izvēršas divos cēlienos.

Pirmajā, kas jau pati par sevi ir pietiekami neticama, mēs izsekosim piedzīvojumu, ko Pēteris piedzīvoja vienā no saviem braucieniem 1829. gadā. Tie ir patiesi notikumi, par kuriem cītīgi ziņots jūras kara flotes reģistros un stāstīts Lielās enciklopēdijas septītajā sējumā. The Sea, ko Itālijā izdevis Armando Kursio un režisējis slavenais dokumentālo filmu veidotājs Folko Kilici.

Neticamais stāsts par Sāru Ričliju, I cēliens

1829. gada oktobrī Austrālijas šoneris Mermaid devās no Sidnejas uz Koljē līci Austrālijas rietumos. Kuģī Samuela Nolbrova vadībā bija 18 apkalpes locekļi, tostarp Pīters Ričlijs, un tajā atradās trīs pasažieri. Ceturtajā navigācijas dienā, kad laiva atradās ļoti bīstamajā Toresas šaurumā starp Austrāliju un Jaungvineju, notika neatgriezeniskais.

Tuvojās draudīgas mākoņu bankas. Vējš noslīdēja un kuģis stāvēja uz vietas. Nakts vidū sacēlās spēcīga vētra. Kuģis vairākkārt tika ietriekts koraļļu rifā un sadalījās, neskatoties uz apkalpes izmisīgajiem centieniem. 21 vīrietis pameta vraku un ielēca jūrā un peldēja, līdz sasniedza akmeni. Kapteinis, kurš ieradās pēdējais, konstatēja, ka visi 21 ir drošībā.

Viņi pavadīja trīs dienas un trīs naktis uz klints, līdz Swiftsure briga, kas nejauši gāja garām šajā apgabalā, viņus pamanīja un pacēla, pēc tam turpināja savu ceļu. Tomēr pēc piecām dienām arī Swiftsure iekļuva nemierīgā straumē un tika sagrauta.

Visi iemītnieki steigā pameta kuģi. Atkal visi tika izglābti, jo neilgi pēc tam šoneris Governor Ready ar 32 apkalpes locekļiem atradās garām, kas savāca un uzņēma uz klāja izdzīvojušos no diviem iepriekš nogrimušajiem kuģiem.

Diemžēl negatīvie notikumi vēl nebija beigušies. Šoneris atsāka savu ceļojumu, pat ja uz tā klāja bija pārāk daudz cilvēku. Pēc dažām stundām kāds neuzmanīgi aizdedzināja uguni, kas pārvērtās kūlas ugunsgrēkā. Diemžēl ugunsgrēku nebija iespējams nodzēst, un visas Mermaid, Swiftsure un Governor Ready komandas bija spiestas saspiesties glābšanas laivās.

Tomēr arī šoreiz izdzīvojušie, tas ir, visi, varēja pateikties veiksmei, jo neilgi pēc tam pie apvāršņa parādījās Austrālijas kutera Komētas siluets.

Atsevišķas sagadīšanās dēļ vētra bija nobīdījusi komētu no kursa, tā ka viņa nejauši ieraudzīja pazudušo glābšanas laivas.

Kad Komētas jūrnieki uzzināja, ka šie cilvēki ir trīs kuģu avāriju upuri, viņi sāka nožēlot, ka viņus izglābuši, bet tagad viņi bija uz klāja. Tomēr radās lielas spriedzes gaisotne, ko veicināja šaubas, ka šos cilvēkus pavada ļauns liktenis un ka varētu atkārtoties cita nelaime. Viņi nekļūdījās. Pēc piecām dienām jūrā tika sagrauta arī Kometa. Šoreiz glābšanas laivu visiem nebija, tāpēc daudziem nācās palikt ūdenī, pieķērušies pie nogrimušā kuģa paliekām. Viņi bija spiesti izturēt 18 dienas, pirms viņus izglāba Austrālijas pasta dienesta tvaikonis Jupiters.

Neticami, ka pēc ne mazāk kā četriem kuģu vrakiem starp tiem nebija neviena upura: patiesībā neviens nebija pat cietis, izņemot minimālos sasitumus, kas šādos apstākļos bija paredzami.

Šajā visā Pīters Ričlijs, iespējams, bija nomierinājis savu burāšanas kāri. Likās, ka viss ir beidzies, bet ... tā nebija. Pēc brīža arī tvaikonis Jupiters ietriecās akmenī un nogrima.

Par laimi, netālu no šī pēdējā kuģa avārijas ceļā bija pasažieru kuģis City of Leeds, kas vēlreiz izglāba visus veterānus no pieciem kuģu vrakiem un beidzot viņus droši nogādāja Sidnejā, kur viņi varēja izkāpt un pastāstīt par savu piedzīvojumu.

Stāstītājs, noslēdzot savu stāstu jūras enciklopēdijā, komentē šādi:

"Vienkārša sakritība? Varbūt.. Tomēr ir gadījumi, kad šķiet, ka tumšā būtne manipulē ar notikumiem. Šī būtne tīši virza notikumus uz mērķiem, kas šķiet izsmalcināti cilvēciski..."

Šeit beidzas stāstījums, ko esam definējuši kā pirmo cēlienu.

Tomēr Pīteram Ričlijam stāstījums nav pabeigts, jo mūsu jūrnieks pirms izkāpšanas, vēl atrodoties uz pēdējā kuģa klāja, atradās iesaistīts otrajā cēlienā, kas, ja iespējams, ir vēl neticamāks par pirmo.

Neticamais stāsts par Sāru Ričliju, II cēliens

Mēs atkal ķeramies pie rakstnieka Louis L'Amour stāstījuma. Šoreiz tas viss notiek uz "Līdsas pilsētas" pasažieru lainera.

Šis kuģis, kas izbrauca no Apvienotās Karalistes un bija ceļā uz Sidneju, pārvadāja dažādas izcelsmes pasažierus, kas bija ieinteresēti sasniegt Austrāliju visdažādāko iemeslu dēļ. Ņemot vērā tā laika ievērojamās ceļošanas neērtības, ceļotāji pārsvarā bija jauni cilvēki vai katrā ziņā robusti un ar labu veselību. Līdz ar to kuģa ārsts, veicot savu darbu, nesaskārās ar lielām problēmām.

Tomēr šajā krustojumā ārsts bija nonācis lielās grūtībās kādas vecas kundzes dēļ, kura ceļoja viena, un kādā brīdī viņa bija sabrukusi no gadu un slimību smaguma un tagad tika hospitalizēta slimnīcas gultā uz kuģa. Vairākas reizes ārsts sievietei jautāja:

— Bet kāpēc jūs, veca kundze, gribējāt doties šajā ceļojumā no Anglijas uz Austrāliju?

Vecā kundze atbildēja, atkārtojot, ka gadiem ilgi nav dzirdējusi no sava dēla. Viņš nesen bija uzzinājis, ka viņa dēls veic savu darbu pa Austrālijas piekrastes ceļiem, tāpēc viņš nolēma doties ceļā, lai viņu atrastu. Katru reizi vecā kundze pēc tam izvilka no somiņas vecu fotogrāfiju, lai parādītu ārstam sava dēla seju.

"Šis ir mans dēls. Man pietiktu to redzēt vēlreiz un tad es varētu mierīgi nomirt. Palīdziet man, dakter." Ārsts bija jūtīgs cilvēks un gribēja sievietei palīdzēt, bet nezināja kā.

Neilgi pēc vienas no šīm atkārtotajām intervijām ārsts veica pārbaudes vizīti pie dažiem atstumtajiem. Kamēr viņa acīs joprojām bija pazudušā dēla fotogrāfija, viņš atrada sevi pretī jūrniekam, kura īpašības bija diezgan līdzīgas. Tumši mati, augsta piere, akvīrais deguns, plānas lūpas un izteikts zods. Virspusēji pārbaudot, šis jauneklis varēja tikt uzskatīts par ļoti līdzīgu fotogrāfijai. Pat vecums varētu atbilst. Viņam radās doma: kāpēc gan neiepazīstināt šo jaunekli ar veco kundzi, kuras redzējums vairs nebija ideāls, lai šī labestīgā viltība ļautu viņai mierīgi beigt savu dzīvi?

Viņš jaunajam vīrietim visu paskaidroja un jautāja, vai viņš nevēlētos nodoties šai lomai. Jaunais vīrietis tomēr absolūti nevēlējās pieņemt līdzdalību šajā krāpšanā.

"Galu galā jūs tai sievietei darītu tikai labu darbu," uzstāja ārsts, "jums būtu tikai dažas minūtes jāiztēlojas, ka jūsu vārds ir Pēteris."

Jauneklis sāka svārstīties.

"Nu, es tik un tā nemelotu, jo mans īstais vārds ir Pēteris. Bet man vajadzētu zināt vairāk. Kas īsti ir šī dāma?"

"Viņa ir angļu dāma, zināma Sāra Ričlija."

Jaunais Pēteris nobālēja, un dziļa trīce satricināja visu viņa ķermeni, un tad viņš iesaucās:

"Bet tā ir mana māte!"

Tā patiešām bija viņa māte. Liktenis (vai neticama sinhroniskuma virkne) bija nozīmējis, ka ne mazāk kā piecu kuģu avāriju rezultātā abus varēja atkal apvienot.

Labu beigu cienītājiem kundze, sekojot dēla atrašanas priekam, atveseļojās un nodzīvoja vēl daudzus gadus, nezaudējot sakarus ar Pēteri, kurš turpināja burāt.

Piemēram, vairāki avoti tīmeklī dokumentē šo stāstu

http://tardis.wikia.com/wiki/Sarah_Richley

Vasarsvētku mācītājs Filips Harelsons katru gadu atgādina šo stāstu savā Mātes dienas sprediķī, kā tas tika ievietots vietnē https://www.sermoncentral.com.

Daži iebilst, ka stāsts nebūtu patiess, jo kuģis City of Leeds tika nolaists ūdenī pēc 1829. gada, kurā notika notikumi. Patiešām, katra jūra ir pilna ar kuģiem ar tādu pašu nosaukumu. Šeit ir daži piemēri. Papildus "Līdsas pilsētai" no mūsu stāsta 1903. gadā ūdenī tika nolaists vēl viens kuģis ar nosaukumu "Līdsas pilsēta" kopā ar viņas māsas kuģi "City of Bradford". Vēl divi kravas kuģi ar nosaukumu "Līdsas pilsēta" tika nolaisti 1908. un 1944. gadā.

Sinhronisms ir universāla prāta izstarojums.

Galīgais pierādījums tam, ka sinhronitāte nav mūsu psihes ilūzijas, bet gan nāk no augstāka prāta, tiek atklāts, atklājot sinhronu epizožu esamību, kas ietver vairākus cilvēkus tāda notikuma konstruēšanā, kas ietekmē tikai vienu no viņiem, piemēram, neticamā faktu secībā. par ko tikko ziņoju.

Bet ar to nepietiek. Sinhronitāte attiecas ne tikai uz indivīdu vai mazu grupu dzīvi, bet arī uz pasaules kolektīvo likteni. Sinhronitāte virza cilvēku, tautu, tautu un visas pasaules kopienas uz augstāku apziņas līmeni. Tas ir kultūras un garīgās evolūcijas ceļojums, mērķis, kuru mēs varam tikai iedomāties.

Jezuītu zinātnieks Pjērs Teilārs de Šardēns runā par Omega punktu, kas ir maksimālais sarežģītības un apziņas līmenis, uz kuru Visums savā evolūcijā, šķiet, tiecas.

Daudzi brīnās, kāpēc cilvēks miljoniem gadu pēc parādīšanās dzīvoja gandrīz nežēlīgā akmens laikmeta stāvoklī, lai pēdējo divpadsmit tūkstošu gadu laikā veiktu neticamu evolūcijas lēcienu. Nelielā laika daļā mēs esam nonākuši no dzelzs laikmeta uz to, ko varam definēt kā "informācijas laikmetu", t.i., laikmetu, kurā pašlaik dzīvojam.

Loģiski, ka miljoniem gadu cilvēce nav veikusi nekādu būtisku evolūcijas lēcienu, ja ne dažādu akmens apstrādi, lai pēc tam eksplodētu jaunumu, izgudrojumu, jaunu tehnoloģiju apguves viļņos, kas pilsētas ir pārveidojušas no salmu būdām. uz plašajiem debesskrāpju plašumiem?

Ja viss būtu atkarīgs no cilvēka, mums vajadzēja sagaidīt pakāpenisku evolūciju, kas laika gaitā būtu daudz izplatītāka. Bet nē, visa mūsu attīstība, sākot no lauksaimniecības un metālu atklāšanas, notika pēdējos 0,003% no mūsu vēstures ceļojuma laika.

Ir likumīgi iedomāties, ka beidzot pēc 99,997% mūsu ceļojuma "kāds" vai "kāda enerģija" nolēma, ka ir īstais brīdis cilvēcei tikt "stumtai", virzītai uz augstāku eksistences posmu.

Pēdējos trīs gadsimtos mēs esam piedzīvojuši dziļa materiālisma periodu, kurā tika noliegta tā esamība, ko nevar nosvērt uz svariem, izmērīt un pavairot laboratorijā.

Acīmredzot vesela virkne sinhronizāciju, kas attīstījās pagājušajā gadsimtā, vēlas novest pasauli pie apziņas, ka kosmoss nesastāv tikai no matērijas, bet gan no matērijas un psihes. Junga darbs, viņa sadarbība ar Volfgangu Pauli, Nobela prēmija fizikā un kvantu fizikas attīstība, atklājot sapīšanās fenomenu, iznīcina mītus par pasauli, kas veidota tikai no matērijas.

Jaunā zinātne noraida nejaušības vadītu Visumu un paredz jaunu evolūcijas lēcienu cilvēcei, kur savu vietu un nozīmi atradīs ilgi apspiestie psihes cēloņi.

Labi, bet... kur ir pierādījumi?

Viss, kas līdz šim ir teikts, ir saduras un turpina sadurties ar gandrīz visām zinātniskajām vidēm, kas kā praksi noliedz jebko, kas definēts kā "psihisks" vai "garīgs", apgalvojot, ka viss Visums nav nekas cits kā jautājums. Šī mūsdienu zinātnes materiālistiskā konotācija radās astoņpadsmitajā gadsimtā, kad iestājās apgaismība.

Tā sauktais "apgaismības" periods.

Apgaismība, kas dzima ap 1700. gadu Anglijā, bija filozofiska, politiska, kultūras un sabiedriska kustība, kas drīz vien attīstījās visā Eiropā un sasniedza savu kulmināciju Francijā. Nosaukums cēlies no tā virzītāju un piekritēju vēlmes apgaismot citu cilvēku prātus, ko, viņuprāt, tajos laikos aptumšoja māņticība un neziņa. Apgaismības laikmetu pieņēma un atbalstīja lielākā daļa kulturālās un aristokrātiskās sabiedrības, kas, neskatoties uz rūgtajiem baznīcas varas konfliktiem, galu galā guva virsroku, orientējot sociālās paražas uz savām vērtībām.

Kopš pirmajiem filozofiem tika uzskatīts, ka saprāts ir līdzeklis augstprātīgu patiesību apcerei, savukārt apgaismotie saprātu uzskatīja par praktisku, funkcionālu un funkcionālu instrumentu kultūras un progresa attīstībai. Pēc apgaismības domātāju domām, saprāta panākumi vairs nav filozofiskās spekulācijās, bet gan praktiskajos rezultātos, kas tiek sasniegti: saprāts ir noderīgs, ja tas var racionāli izskaidrot faktus un lietas, neizmantojot metafiziskus argumentus. Vēloties atbrīvot cilvēkus no nepamatotām bailēm no nezināmā, apgaismības aizstāvji apgalvoja, ka katram cilvēkam piemīt raksturīga spēja izprast realitāti, kas viņu ieskauj, bet viņam ir jāatbrīvojas no māņticīgām virsbūvēm. Saskaņā ar apgaismības teoriju šīs virsbūves uzspiež vara, kas ir ieinteresēta dominēt sabiedrībā, turot cilvēkus neziņā.

Nodomi bija labi. Diemžēl visas revolūcijas rodas no labiem nodomiem. Tad praksē pēc mazuļa mazgāšanas tiek sagaidīts, ka viņu izmetīs kopā ar vannas ūdeni.

Var teikt, ka apgaismības laikmeta garais vilnis turpina mazgāt mūsdienu zinātnes krastus.

Viens no galvenajiem apgaismības materiālisma principiem ir tāds, ka pasaule ir mašīna. Šī iekārta ievēro zināmus un topošos fizikas likumus, un tai nav nozīmes. Kopējā radīšanā un līdz ar to arī cilvēka eksistencē nav galīguma. Arī cilvēks ir mašīna, kas bez jebkāda mērķa pilda savas dzīvībai svarīgās funkcijas, līdz sabojājas un pārstāj eksistēt.

Deniss Didro, līdzautors ar Žanu Batistu D'Alembertu no slavenās enciklopēdijas, kas izdota 17 sējumos no 1751. līdz 1772. gadam, spēlē zinātnieka lomu šādi:

> "Zinātnieks, kura profesija ir izglītot, nevis garīgi veidot, atstās malā kāpēc, skatoties tikai uz to, kā. Kā smelties no būtnēm, un kāpēc no mūsu intelekta... Cik absurdu ideju, cik daudz maldīgi pieņēmumi, cik daudz himerisku priekšstatu var atrast himnās, ko daži pārgalvīgi galīgo lietu aizstāvji ir uzdrošinājušies sacerēt par godu Radītājam".

> *"The profession of the scientist is to instruct and not to give moral lessons. In his teachings he will leave aside the "why, "looking only at "how ".*

The "how" is derived from things, from beings. Instead, the "why" is only a fruit of the intellect. The intellect is not reliable. How many absurd ideas, how many false assumptions, how many chimerical notions are found in the songs in honor of the Creator!

Neraugoties uz šo visa garīguma noraidīšanu un viņu redzējumu par bezmērķīgu, uz nejaušībām balstītu realitāti, apgaismības laikmets ziņkārīgi atteicās tikt uzskatīts par materiālistiem. Voltērs vairākas reizes atkārtoja, ka viņš nejūt drosmi izšķirties ne par materiālismu, ne par spiritismu.

Apgaismības laikmets un literārie saloni.

Tieši apgaismības laikmeta paplašināšanās dēļ, kas sākās astoņpadsmitajā gadsimtā, šis periods ieguva apgaismības laikmeta jeb "Siècle des Lumières" nosaukumu.

Starp galvenajiem varoņiem var minēt frančus Voltēru, Monteskjē un Fontenlu, kuri tomēr atzina, ka viņus iedvesmojusi angļu filozofija, kuras pamatā ir empīrisks saprāts un zinātniskas zināšanas, t.i., dominējošie Loka, Ņūtona un Hjūma domas elementi.

Apgaismības laikmets saņēma lielu palīdzību no literārajiem saloniem.

Šī kultūras tradīcija bija jau Francijā.

Saskaņā ar šo tradīciju cilvēki regulāri tikās tā sauktajos "esprita birojos".

Šo salonu sanāksmes organizēja ietekmīgi augstākās vidusšķiras vai aristokrātijas pārstāvji, kas mēdza aicināt vairāk vai mazāk pazīstamas personības sarunāties un debatēt par aktuāliem jautājumiem. Džefrinas kundzes viesistaba bija zināma, uzaicinot tādas literāras un filozofiskas slavenības kā Didro, Marivo, Grimms, Helvēcijs.

Barons d'Holbahs sacentās ar Džefrinclas kundzi, organizējot tikšanās, kurās piedalījās tie paši varoņi, kā arī abats Galiani un citi filozofi.

Šis kultūras buljons un fakts, ka kustību būtībā atbalstīja aristokrātiskā vai augstākā šķira, ļaujiet mums saprast, kā viņu iemesli būtībā varēja izplatīties uz augstākajiem sabiedrības līmeņiem. Idejas daudz retāk izplatījās to cilvēku vidū, kurus bija paredzēts emancipēt.

Tomēr, ja neņemam vērā materiālistiskas un ateistiskas pozīcijas, piemēram, Didro domas pēdējā fāzē, jēdziens "Dievs" ir sastopams lielākajā daļā apgaismības domātāju. Lai saskaņotu šo savu dabisko intuīciju ar viņu sludinātajām teorijām, viņi ar zinātniskiem argumentiem mēģināja pierādīt Dieva esamību Visuma rašanās vietā. Šajos centienos, ņemot vērā radīšanas brīnišķīgo pilnību, viņi nonāca pie postulācijas, ka pastāv "mūžīgais ģeometrs". Šo jautājumu sev uzdeva arī Voltērs:

"Kad es apzinos kārtību, brīnišķīgās prasmes mehāniskos un ģeometriskos likumus, kas pārvalda Visumu, neskaitāmos līdzekļus un visu lietu mērķus, mani pārņem apbrīna un cieņa... Tādējādi es atzīstu šo augstāko inteliģenci, nebaidoties, ka mans viedoklis varētu mainīties... Bet kur ir šis mūžīgais ģeometrs? Vai viņš eksistē kaut kur vai visur, neaizņemot vietu? Es par viņu neko nezinu."

"When I evaluate the order and the prodigious ability of the mechanical and

geometric laws that govern the universe, I am taken by admiration and respect.

I admit this supreme intelligence. I am convinced of his existence and I am not afraid that someone could change my opinion.

But where is this eternal surveyor? Does it exist in a specific place or is it spread everywhere? Does it occupy a space or not? I know nothing about this. "

Diemžēl turpmākajos gadsimtos no šīm šaubām nepalika ne pēdas, un mūsdienu zinātnes panorāmā jēdziens "Dievs", pat izteikts apšaubāmā formā, ir pilnībā izdzēsts. Patiesībā mūsdienās zinātniskās aprindas ar ļoti retiem izņēmumiem ir orientētas uz materiālismu, par laimi bez īpašiem panākumiem.

Patiesībā gandrīz visi cilvēki no visas pasaules, pat tie, kas ilgu laiku dzīvoja ateistiskā totalitārisma pakļautībā, turpina uzskatīt, ka viņi nav ne mašīnas, ne nejaušas matērijas aglomerācijas. Viņi uzskata, ka viņiem papildus ķermenim ir arī garīgums un dvēsele.

Klasiskās fizikas likumi, kurus nevar pārkāpt.

Psihiskās realitātes noliegums izriet no tā, ka tās izvairās no fiziskajiem likumiem, uz kuriem balstās Visums, kā mēs to zinām. Šie skaidri un precīzi definētie noteikumi attiecas ne tikai uz klasisko fiziku, bet arī uz relativitātes teoriju.

Zināšanas par šiem likumiem ļauj jebkurā brīdī paredzēt, kā uzvedīsies matērija, kas veido realitāti, t.i., lietas un objekti, sākot no mūsu cigarešu šķiltavas līdz visattālākajām galaktikām.

Pastāv mehāniskuma kritērijs, kas regulē zināmo Visumu. Katrs notikums ir atkarīgs no iemesla un, savukārt, kļūst par cēloni, kas izraisa nākamo notikumu. Kustīgs ķermenis, atsitoties pret citu nekustīgu ķermeni, rada grūdienu, ko var precīzi aprēķināt, jo tas ir atkarīgs no abu ķermeņu svara un pirmā ātruma. Savukārt otrais ķermenis virzās prognozējamā virzienā līdz tikpat paredzamam attālumam.

Turklāt visam ir nepieciešams līdzeklis, lai kustētos: tāpat kā kuģis pārvietojas pa ūdeni un automašīna uz ceļa, mūzika un balss izplatās pa gaisu, un tos nes skaņas viļņi.

Mēs varam apsvērt trīs galvenos likumus.

Pirmais likums ir laika bulta. Laiks virzās tikai uz priekšu, un neviens notikums nekad nevar būt pirms jau notikušā. Notikumu kārtību nosaka laika ritējums, kas nekad neļauj atgriezties, pat ja dažkārt to vēlētos.

Otrais ir ātrums. Nekas nevar pārvietoties ātrāk par gaismas ātrumu, kas ir aptuveni 300 000 km sekundē.

Trešais ir tas, ka jebkura spēka, tostarp gravitācijas un magnētisma, jauda samazinās atkarībā no attāluma. Zemes gravitācijas spēks ietekmē Mēnesi, bet noteikti ne Eiropu vai Ganimēdu, Jupitera pavadoņus. Patiesībā tas to dara absolūti mazākā mērā.

Līdzīgi magnēts pievelk dzelzs gabalu, kas novietots noteiktā attālumā: tomēr, ja mēs pārvietojam dzelzi prom no magnēta, pievilcība samazinās, līdz tā beidzas.

Viss Visums pakļaujas šiem likumiem, lai gan ar dažiem izkropļojumiem, ko paredz relativitātes teorija. Tāpēc mēs varam saprast zinātnes grūtības, kad tā nespēj iedomāties iespēju, ka kaut kas nepakļaujas šiem likumiem, piemēram, ekstrasensora uztvere.

Priekšnojautas nevar pastāvēt, jo vispirms nevar zināt kaut ko, kas notiks tikai vēlāk. No kurienes šī informācija varētu nākt? Nav fiziskas telpas, kas varētu ietvert nākotni. Nav arhīva ar lietām, kas notiks nākotnē.

Cilvēka domas bieži tiek citētas, sakot, ka tā noteikti pārvietojas ātrāk nekā gaisma, var izpētīt gan pagātni, gan nākotni un ar tādu pašu intensitāti sasniegt jebkuru Visuma apgabalu vai jebkuru citu Visumu.

Zinātnes atbilde ir ļoti vienkārša: doma balstās mūsu smadzenēs un tāpēc maz kustas, neatstāj smadzeņu korpusu. Tajos dažos kubikcentimetros dzimst un iet bojā visi tā darbi. Šajā ziņā pat telepātiska saziņa nav iespējama, jo neviena doma nevar iznākt no vienas galvas, lai pārietu uz citu galvu.

Tāpēc, lai postulētu tādas psihiskās realitātes esamību, kāda ir aprakstīta šīs grāmatas pirmajā daļā, būtu jāatklāj Visuma dimensija, kurā klasiskās fizikas noteikumi vairs nebija spēkā.

Šajā kolektīvajai zemapziņai līdzīgā dimensijā (ja tāda kādreiz pastāvējusi) varēja pastāvēt un darboties Platona idejas, kā arī Junga arhetipi.

Līdz 1950. gadam neviens zinātnieks nekad neuztvēra nevienu centu par šo iespēju. Tā vietā pēdējās desmitgadēs kvantu fizika ir guvusi lielus panākumus, pētot matēriju ārkārtīgi mazā jomā. Iespēja, ka kolektīvajai zemapziņai līdzīga ekskluzīvi psihiska dimensija patiešām pastāv, tika prognozēta jau pagājušā gadsimta sākumā un visbeidzot, sākot no 1980. gada, tika zinātniski pierādīta. Mēs runājam par "kvantu sapīšanu".

Zinātnes un cilvēka psihes sadarbība.

Viena no nozīmīgākajām sakritībām lielajā sinhronitātē, kas pastāv jau vairākus gadu desmitus, kas virza cilvēci uz pilnīgi citu Visuma priekšstatu, kas vairs nav haotiska matērijas aglomerācija, ko vada nejaušība, bet gan sakārtots matērijas un psihes kopums. Universāla prāta vadīta, tā noteikti bija tikšanās starp Šveices psihologu un psihoterapeitu Karlu Gustavu Jungu un austriešu zinātnieku (kurš 1945. gadā saņems Nobela prēmiju fizikā) Volfganga Pauli.

Abi iepazinās Cīrihē, kur Jungs praktizējās kā psihoterapeits, kamēr Pauli bija Teorētiskās fizikas profesors Tehnoloģiju institūtā.

Tikšanās notika 1932. gadā pēc tam, kad Pauli, tēva mudināts, kurš baidījās par savu veselību, bija lūdzis Jungam norunāt tikšanos, lai izvērtētu iespēju veikt analīzi.

Patiesībā Pauli bija ķēries pie Junga palīdzības, lai atrisinātu dažas eksistenciālas problēmas, kas izrietēja no notikumiem, kuros viņš bija iesaistīts. Pirmkārt, mātes pašnāvība, kas notika dažus gadus iepriekš, un tai sekojošā tēva atkārtota laulība ar sievieti, kura bija tikpat veca kā Volfgangs. Pēdējais, bet ne mazāk svarīgi, viņa laulība ar kabarē dejotāju Keitu Depneri, kas pēc dažām nedēļām bija izgāzusies.

Papildus motivācijai pirmajai tikšanās reizei starp abiem zinātniekiem sākās attiecības, kas ilga vismaz divdesmit piecus gadus un izraisīja pārsvarā epistoliskas debates. Abi savos strīdos devās uz savu studiju jomu, fizikas un psiholoģijas robežām, tādējādi veidojot tiltu starp divām zinātnēm, kuras līdz šim tika uzskatītas par absolūti nesavienojamām.

Viņi prata apvienot Junga radošumu ar Pauli zinātniskās disciplīnas stingrību, nekad neatrodot nepārvaramus neizpratnes iemeslus, ne arī argumentus, lai pārkāptu.

Pauli pievērsās Junga domai un nopietni dalījās tajā, pārvarot tā laika valdošo mentalitāti, kas lika definēt šīs teorijas kā "bez jēgas". Viņš saglabāja kritisku attieksmi, bet apņēmīgi centās tos saprast.

Protams, galvenā Junga un Pauli dialoga tēma bija attiecības starp fiziku un psiholoģiju, tas ir, starp psihi un matēriju. Ir svarīgi atzīmēt, ka Pauli sinhronitāte interesēja ne tik daudz, lai apmierinātu kultūras zinātkāri, bet gan tāpēc, ka viņš uzskatīja, ka viņš vairākas reizes savā dzīvē ir bijis iesaistīts sinhronisma epizodēs.

1952. gadā viņi kopā publicēja grāmatu Dabas un psihes interpretācija (Naturerklarung und Psyche), no kuras lasīšanas izriet gan viņu vienošanās, gan atšķirības.

Jungs palīdzēja darbā ar savu darbu Sinhronitāte: cēloņsakarības princips, Pauli tā vietā piedalījās ar eseju Arhetipu ietekme uz Keplera zinātniskajām teorijām. Jāteic, ka Jungs ilgi vilcinājās pirms savu ideju publicēšanas, taču to pārliecināja pats Pauli.

Kopumā Pauli un Jungs bija vienisprātis, ka matērija un psihe ir jāsaprot kā vienas un tās pašas realitātes savstarpēji papildinoši aspekti, kurus regulē arhetipi, kas jāsaprot kā kopīgi sakārtotības principi. Tas, protams, nozīmēja, ka arhetipi bija elementi līmenī, kas pārsniedz matēriju.

Savā darba vidē Pauli kritizēja to, ka fizika izslēdz visu, kas saistīts ar cilvēka garīgumu, jūtām un emocijām. Viņš prognozēja, ka drīz nākotnē attiecības starp matērijas ārējo pasauli un psihes iekšējo pasauli vairs nevarēs ignorēt.

Kvantu sapīšanās.

Fizikā enerģijas nezūdamības likums ir viens no svarīgākajiem dabā novērotajiem. Visvairāk pētītajā un intuitīvākajā formā šis likums nosaka, ka, lai gan enerģiju var pārveidot un pārvērst no vienas formas citā, tās kopējais daudzums izolētā sistēmā laika gaitā nemainās.

Savā grāmatā "Feynman's Physics, Vol. I" Ričards Feinmens, amerikāņu fiziķis un zinātnes popularizētājs, Nobela prēmija fizikā 1965. gadā, runā par saglabāšanas likumu šādi:

> “Ir kāds fakts vai, ja vēlaties, likums, kas regulē līdz šim zināmās dabas parādības. Šim likumam nav izņēmumu, cik mēs zinām, ka tas ir precīzs. Likumu sauc par "enerģijas saglabāšanu", un tā patiešām ir ļoti abstrakta ideja, jo tas ir matemātisks princips: tas saka, ka ir skaitlisks lielums, kas nekad nemainās, lai kas arī notiktu. Tas neapraksta mehānismu vai neko konkrētu: tas ir tikai nedaudz dīvains fakts. Mēs varam aprēķināt noteiktu skaitli. Tad, kad mēs pabeidzam vērot dabu, kas veic tās pārvērtības, un pārrēķinām skaitli, mēs atklājam, ka šis skaitlis nav mainījies..."

"There is a law that governs known natural phenomena. This law has no exceptions, so, as far as we know, it is correct. The law is called "conservation of energy", and it is really a very abstract idea, because it is a mathematical principle.

The law says that there is a numerical magnitude that does not change, whatever happens. His statement does not describe a mechanism, or something concrete. This is a somewhat strange fact. We can calculate a certain number that represents the total energy of the universe. Then we look at things as they change. When we finish looking at the nature that plays its games, and recalculate the number, we find that it has not changed."

Bez šaubām, mēs varam uzskatīt par pašsaprotamu, ka Visuma kopējā enerģija, lai gan tai var būt dažādas formas, paliek nemainīga.

Šis likums radīja milzīgas problēmas, kad sāka pētīt subatomisko līmeni, tas ir, ārkārtīgi mazo.

Mēģināsim saprast, kāpēc.

Elementārdaļiņām ir "griešanās", praktiski rotācijas kustība. Uz šo rotāciju attiecas arī "saglabāšanas likums".

Tātad, ja mēs ņemam elektronu ar spinu nulle un sadalām to divās daļās, vienai daļai būs spins +1/2 (pus pozitīvs), bet otrai spin -1/2, (puse negatīvs), lai to kopsumma būtu vienmēr ir nulle, tāpat kā sākotnējā elektronā, un tiek ievērots saglabāšanas likums.

Pieņemsim, ka, kad tas ir izdarīts, mēs paņemam abas daļas un pārvietosim tās jebkurā attālumā, kādu vien varam iedomāties. Acīmredzot, lai kur mēs tos pārvietotu, to griešanās nemainīsies, lai nepārkāptu saglabāšanas likumu.

Bet ejam vienu soli tālāk, paņemsim vienu no abām pusēm, teiksim to, kurai ir puse pozitīvas griešanās, un apgriezīsim tā griešanos, lai tā kļūtu pa pusei negatīva.

Kas notiek tajā brīdī? Gadās, ka otra daļa, lai kur tā atrastos, arī vienlaikus apgriež savu stāvokli no negatīvas vides, kā tas bija, uz pozitīvo vidi. Tas ir, rodas tā sauktais korelētais griešanās efekts: divas daļiņas, kas ir savstarpēji saistītas, kad tās piedzima kopā, paliek kontaktā viena ar otru neatkarīgi no attāluma.

Ja mainās viens, tajā pašā laikā mainās arī otrs, jo Visuma nezūdamības likumu nevar pārkāpt pat ne par puselektronu.

Šādi sakot, tas var šķist maz, bet, ja mēs tā padomājam, tas noliedz visus fizikas likumus, par kuriem mēs runājām iepriekš.

Gaismas ātrums, ko nekad nevarētu pārsniegt, patiesībā tas ir pārpilnībā, jo abas daļiņas var atrasties jebkurā starpgalaktikas attālumā, pat miljarda gaismas gadu attālumā viena no otras, bet uzreiz, patiešām vienlaicīgi, katra no abām reaģē uz otras izmaiņas.

Tiek pārkāpta laika bulta, saskaņā ar kuru vienam notikumam ir jāseko citam kā sekas. Faktiski abas daļas nemaina savu griešanos saskaņā ar laika secību, vispirms viena un tad otra, bet vienlaikus.

Pat cēloņsakarības jēdziens (katru notikumu izraisa cits notikums) pārstāj būt vienmēr derīgs pārmaiņu laikmetīgumam.

Trešais princips, kas netiek ievērots, ir spēka lauku vājināšanās atkarībā no attāluma. Mums vajadzētu iedomāties, ka abas puses mainās enerģiskāk, kad tās ir tuvāk viena otrai, un ar sarūkošu sparu, līdz tās vairs nemainās, attālumam palielinoties. Tas tā nav: "spēka saite", kas apvieno abas daļiņas, paliek absolūta un nemainīga.

Šī parādība, t.i., saite, kas apvieno abas daļiņas, iegūst angļu valodas zinātnisko nosaukumu "entanglement", vārdu, ko var tulkot kā "savīšana, apjukums". Tas attiecas uz saikni ar vairāk garīgām nekā fiziskām īpašībām, kas tiek izveidota starp divām kopā dzimušām daļiņām. Mazliet līdzīgi tam, kas notiek starp dvīņiem.

Visbeidzot, mēs varam izdarīt novērojumu, kas, iespējams, ir vissvarīgākais: kā abas daļiņas sazinās savā starpā? Ir skaidrs, ka informācija, kas attiecas uz vienas no abām pusēm maiņu, neiet cauri telpai un netiek nodota nekādā veidā. Nav laika, kad informācija par vienas puses izmaiņām joprojām ir ceļā, un otra puse gaida, kad to saņems, lai mainītu. Ceļā nav informācijas.

Informācija ir vienlaikus šur un tur. Vienkārši informācija pastāv. Abām daļiņām tā ir, it kā tās joprojām būtu viena.

Pēc teorijas praktiskie eksperimentālie demonstrējumi.

Šis jaunums, ko ierosināja Nīlsss Bors un viņa zinātnieku komanda (Kopenhāgenas skola), liekot kvantu fizikas pamatus, sākot no 1927. gada, zinātnes pasaulē netika īpaši atzinīgi novērtēti. Jo īpaši Albertam Einšteinam šī teorija šķita neiespējama. Viņš uzskatīja, ka pamata argumentācija neizbēgami ir nepareiza un trūkst kāda gabala, kāda nezināma mainīgā lieluma, lai iegūtu rezultātus, kas vairāk atbilst ne tikai klasiskajai fizikai, bet arī viņa relativitātes teorijai.

Tomēr Einšteins, kaut arī bija pārliecināts par saviem argumentiem, bija pārāk inteliģents, lai noliegtu vai izsmietu kādu zinātnes aspektu, pirms tas nebija pilnīgi droši noskaidrots. Tāpēc, vienlaikus apgalvojot, ka šajā teorijā ir kļūda, viņš kopā ar diviem citiem zinātniekiem 1935. gadā ierosināja slaveno eksperimentu, kas pazīstams kā EPR eksperiments no trīs atbalstītāju vārda (Einšteins-Podoļskis-Rozens).

Tas bija domu eksperiments, tas ir, balstīts uz spriešanu un zināmiem likumiem. Šāda veida eksperiments, pat ja tas ir teorētisks, tomēr paredz noteiktu rezultātu. Domu eksperimenti tiek izmantoti arī mūsdienās, kad nav tehnisku vai ekonomisku līdzekļu, lai tos praktiski veiktu. Patiešām, EPR eksperiments radīja šaubas par sapīšanās ticamību, taču tas bija atkarīgs arī no procedūru sarežģītības, ar kurām to varēja praktiski panākt.

Daudzus gadus vēlāk, 1964. gadā, Džons Stjuarts Bells rakstā ierosināja šī eksperimenta vienkāršotu versiju, aicinot zinātnieku aprindas to īstenot.

Uzaicinājumu pieņēma Alēns Aspekts, franču eksperimentālais fiziķis, kurš beidzot, sākot no 1980. gada, praktiski veica eksperimentu. Alain Aspect turpināja uzbudināt elektronu, lai piespiestu to veikt dubultu kvantu lēcienu. Tādā veidā viņš no elektrona ieguva divu elementārdaļiņu, divu fotonu emisiju, ko varētu uzskatīt par korelētu, jo tie radās no viena un tā paša notikuma.

Aspekta eksperimenti spēja apstiprināt visas prognozes par sapīšanos: daļiņas izturējās tieši tā, kā aprakstīts teorijā, izvairoties no visiem stingrajiem klasiskās fizikas noteikumiem.

Turpmākajos gados eksperimentu atkārtoja un atkal un atkal apstiprināja daudzi zinātnieki. Mūsdienās laboratorijas vairs nepieredz tikai divu daļiņu sapīšanās, bet gan tūkstošiem vai miljoniem daļiņu.

Dimensija, kas pārsniedz fizisko matēriju.

Pašreizējo zinātnisko atziņu gaismā varam pieņemt, ka komunikācija elementārdaļiņu līmenī notiek ar no matērijas absolūti neatkarīgu metodi, kur laiks un telpa nerealizē savu spēku. Šeit divas vai vairākas saistītas daļiņas, lai arī tās atdala bezgalīgi attālumi, uzvedas tā, it kā tās būtu viena.

"Telpa" vai līmenis, kurā tas notiek, ir definēts kā "ne-lokāls", jo to nevar novietot nekur. Mūsdienās zinātne attaisno šīs telpas pastāvēšanu, lai gan tā nevar ne izmērīt tās svaru vai izmērus, ne arī to reproducēt laboratorijā. Tāpēc arī citi cilvēka domas jēdzieni, kas attiecas uz līdzīgām nelokalitātēm, piemēram, kolektīvā zemapziņa vai pasaules dvēsele, kļūst arī izpētes un apsvēršanas vērti.

Ja tad kāds gribēja iebilst, ka šī parādība notiek tikai starp daļiņām, kas laboratorijā ir savstarpēji korelētas, mēs varam atcerēties, ka viss Visums ir dzimis no lielas laboratorijas, kurā notika viens liels sākotnējais sprādziens, kas pazīstams kā Lielais sprādziens. . Šis notikums radīja visu matēriju Visumā, kas tāpēc ir savstarpēji saistīta un veido vienotu realitāti, Junga un Pauli Unus mundus.

Kādu lomu manā dzīvē spēlē nejaušības?

Šis ir jautājums, ko ikviens lasītājs šobrīd var likumīgi formulēt, gaidot atbildi. Mēs zinām, ka notiek nozīmīgas sakritības, pat ja līdz šim esam tās uzskatījuši par dīvainiem, dažkārt noslēpumainiem, bet principiāli mazsvarīgiem faktiem mūsu ikdienā

Praksē nozīmīgas sakritības vai drīzāk sinhronitātes ir norādes, kas mēģina izskaidrot Pasaules prāta nodomus. Katra sinhronitāte satur vēstījumu mums, kas ir noderīgs, lai vadītu mūs iekšējā izaugsmē. Diemžēl valoda ir simboliska, un mums ir grūti noskaņoties uz pareizo viļņa garumu, lai atšifrētu tās saturu. Amerikāņu fiziķa Džozefa Henrija citāts var palīdzēt mums saprast šo jēdzienu:

> "Katra lielā atklājuma sēklas pastāvīgi atrodas gaisā ap mums, bet tās nokrīt un iesakņojas tikai sagatavotos prātos."

> *"The seeds of every great discovery are constantly present in the air that surrounds us, but they fall and take root only in prepared minds."*

Mēs esam pieraduši piedēvēt dažādas sakritības nejaušībai vai liktenim, ja tās ir negatīvas, vai pat veiksmi, ja tās ir pozitīvas. Citējot vēl dažas slavenas frāzes, Arturs Šopenhauers teica:

"Liktenis sajauc kārtis, un mēs spēlējam."

"Destiny shuffles the cards and we play."

Kamēr Luiss Pastērs šādi runāja par laimi:

"Fortūna dod priekšroku sagatavotiem prātiem":

"Fortune favors prepared minds"

Šie apgalvojumi nozīmē, ka katra iespēja, kas sajaukta ar sagatavošanās devu, var nodrošināt, ka mēs varam veidot labāku dzīvi. Sagatavošanās sastāv no zināšanām, kā īstajos brīžos satvert norādes zīmes, piemēram, zinot, kā lasīt ceļa zīmes, kamēr mēs braucam ar savu automašīnu. Sinhronikas ir ceļvedis, ceļa zīmes, kas simboliski norāda virzienu.

Ir grūti saprast simboliskos vēstījumus, kas raksturīgi garīgajai dimensijai, kad pastāvīgi esam iegrimuši fiziskajā dimensijā.

Galu galā, kā jau minēts, sinhronitāti veido notikumi, kas ir atvienoti viens no otra, bez cēloņu un seku attiecībām, kas sadalīti nesaistītās telpās un laikos. Tie kļūst jēgpilni, kad spējam tos izprast, sasaistot tos ar garīgu procesu, kas nebūtu racionāls pēc parastajiem kritērijiem. Patiešām, mēs bieži tos saistām ar nesakarīgām saitēm.

Piemēram, mēs neuzskatām, ka tam, ko esam zinājuši iepriekš, pēc ikdienas loģikas vajadzēja notikt vēlāk,

Garīgajā līmenī tiek ģenerēta nozīme, ko mēs piešķiram sinhronitātei, un līdz ar to mūsu gara līmenī mums ir jāizmeklē, lai noskaidrotu, kāpēc mēs esam piešķīruši šo nozīmi, mēģinot to izgaismot ar mums piederošajiem simboliem. Mums ir jāizmanto simboli, kādi tie atrodas mūsu psihē, tas ir, mūsu apziņā vai bezsamaņā. Tie ir arhetipiski simboli, kas ir izpaudušies sinhronitātes formā, bet nebūtu varējuši to izdarīt tādā formā, ja tie vispirms nebūtu pārgājuši no kolektīvās zemapziņas uz mūsu individuālo bezapziņu. Sinhroniskuma radītie simboli nav neatšifrējami, jo uz labu vai sliktu tie ir ļoti klātesoši, sakņojas un savijušies mūsu bezapziņā.

Sinhroniskuma atšifrēšana.

Sinhroniskuma specifika, t.i., to simboliskais raksturs un ciešā saikne ar individuālo zemapziņu, nozīmē, ka vēstījuma atšifrēšana ir uzticēta gandrīz tikai adresātam. Izņēmums ir profesionāli terapeiti, kas spēj iedziļināties iekšējos slāņos, kurus pat pats subjekts nespēj objektīvi izpētīt.

Vairumā gadījumu neviens nesapņo ķerties pie psihoterapeita, lai viņam palīdzētu atklāt sinhrono ziņojumu simboliku, tāpēc mēs varam sniegt dažus vispārīgus padomus, kas var mums palīdzēt.

Pirmais, acīmredzot, ir tas, ka būtiskas sakritības neuzskata par nejaušības rezultātu, bet gan par vēstījumiem, kas nāk no augstāka prāta, kas koordinē Visuma harmoniju un vēlas palīdzēt mums palikt harmoniskiem, tas ir, iekšējās labklājības ieguvējiem.

Otrais sastāv no uzticēšanās tikai savam spriedumam, kas noteikti ir viskvalificētākais un visinformētākais, lai izstrādātu savu interjeru, meklējot simbolu nozīmi. Simboli ir visas cilvēces mantojums, taču tajā pašā laikā tie ir cieši saistīti ar mūsu ego, mūsu kultūru un veidu, kā redzēt pasauli. Var teikt, ka simbols ir kā pirksta gals: to ir miljardiem, un tajā pašā laikā nav divu vienādu: katram ir savi unikāli un nepārprotami pirkstu nospiedumi.

Trešais padoms – nesteidzieties piedēvēt nozīmes. Bieži vien sinhronitāte sastāv no vairākiem laika gaitā sadalītiem notikumiem. Mums prātā ir jāizveido slepena atvilktne, kurā mēs glabājam nesaprotamos ziņojumus, un katru reizi, kad saņemam jaunu, mums ir jāiziet cauri visiem tiem, kas joprojām ir neatrisināti. Šī prakse var dot pārsteidzošus rezultātus. Ja katra ziņkārīgā sakritība rada zināmu pārsteigumu, bet tad mēs to ātri atmetam, mēs riskējam pārtraukt ceļu, kurā šis bija svarīgs solis. Faktiski sinhronitāte var izpausties dienu vai mēnešu vai pat gadu laikā, un katra jauna nozīmīga sakritība var būt iepriekšējās precizējums.

Atcerēsimies, ka vietu, no kuras nāk sinhronitāte, mēdz dēvēt par "nelokalitāti", jo to nav iespējams noteikt ne telpā, ne laikā. Nelokālajā līmenī telpa un laiks neeksistē, un to zinātniski pierāda kvantu fizika un nesenais fenomena atklājums, ko sauc par kvantu sapīšanos.

Kā papildinājumu šim trešajam ieteikumam daudzi zinātnieki un autori iestājas par sakritību žurnāla glabāšanu. Šajā dienasgrāmatā varam pierakstīt arī nozīmīgus sapņus, t.i., tos, kas visvairāk ietekmējuši mūsu psihi.

Sapņiem var būt "sinhroniska" (vai pravietiska) vērtība, kad sapņotais notikums patiešām notiek vai kad mēs spējam izprast notikumu, saistot to ar sapni.

Trīs realitātes līmeņi.

Saskaņā ar iepriekšējās nodaļās skaidroto, Visuma attēlojums ir ļoti atšķirīgs no tā, ko mēs esam pieraduši apsvērt. Protams, mēs visi turpinām redzēt pasauli tādu, kādu to vienmēr esam redzējuši, jo piecas maņas, ko daba mums sniedz, ir pielāgotas tieši šīs pasaules pieredzei. Mūsu vitālās vajadzības un izdzīvošanas vajadzības nozīmē, ka mēs varam redzēt, pieskarties, saost, dzirdēt un izgaršot realitāti dimensijā, kas atbilst mums pašiem: patiesībā mēs nespējam ar redzi izpētīt tālas galaktikas, kā arī nespējam izpētīt mikrobu dzīvi. . Mēs neuztveram ne supernovas sprādziena smaku, ne to molekulu krāsu, kas veido dažādus ķermeņus. Tās ir funkcijas, kas pārsniedz mūsu elementārās vajadzības, un tikai šajās jomās evolūcija mūs ir ļāvusi ļoti labi pārzināt.
Lielākā daļa frekvenču rada krāsas un skaņas, kas mums nav redzamas vai dzirdamas. Pieskāriens un garša, lai cik smalkus mēs tos uzskatītu, ļauj mums skaidri atšķirt tikai šauru garšu un smaržu diapazonu.
Var teikt, ka mūsu piecas maņas ir diezgan rupji un ļoti ierobežoti instrumenti, salīdzinot ar Visuma radītajām bezgalīgajām variācijām.

Tomēr mums ir arī divas citas maņas. Sestā sajūta ir intuīcija, kas ļauj mums apstrādāt informāciju, kas ir ļoti noderīga vienkāršā ikdienas dzīvē, ja ne faktiskā izdzīvošanā.

Intuīcija ir brīnišķīgs instruments, kas apstrādā mūsu pieredzi, lai sniegtu mums uzvedības padomus.

Primitīvie vīrieši nojauta ogu indīgumu vai kukaiņu kodumu briesmas. Viņi to izdarīja, novērtējot savu krāsu vai ķermeņa formu.

Virspusēji pārbaudot situāciju, viņi varēja aprēķināt lielāku vai mazāku riska iespēju. Mūsdienās mēs izmantojam intuīciju, lai novērtētu cilvēkus un iespējas, un bieži vien, pateicoties intuīcijai, mēs spējam neuzticēties tiem, kas vēlas mūs maldināt, vai uzticēties tiem, kas var mums palīdzēt. Tādējādi intuīcija palīdz mums saskatīt iespējas pozitīvās un negatīvās puses, un tai bieži ir izšķiroša loma mūsu lēmumos. Protams, intuīcija ir nepilnīgs instruments, taču pieredze palīdz mums to pilnveidot.

Dabiski, ka sestajai sajūtai, lai arī tās pamatā ir tikai domas, nav nekā noslēpumaina: informācija, ko izmantojam, lai formulētu savus spriedumus, ir ietverta mūsu atmiņā un mūsu kultūras fonā. Tāpēc intuitīvais process ir pilnībā mūsu psihes iekšējs, bet tas ir arī saskaņots ar matērijas ārējo pasauli.

Kvantu līmenis un nelokālais līmenis.

Mūsdienu zinātne mums šodien saka, ka ārpus fiziskā līmeņa, ko mēs gandrīz neuztveram, ir divi citi līmeņi.
Otrais ir kvantu līmenis, t.i., vide, kurā elementārdaļiņas pārvietojas un darbojas bez jebkādiem ierobežojumiem, kas attiecas uz matērijas makroskopisko līmeni. Kā redzējām, daļiņas veido saites bez telpas un laika ierobežojumiem.
Šī iezīme liecina par trešā līmeņa eksistenci, nelokalitātes līmeni, kas nav veidots no matērijas, bet gan no enerģijas un informācijas.
Tas ir līmenis, kurā viss Visums ir savienots lielā samezglojumā un satur visu informāciju, tas ir, visu saprātu, kas nobriedis kopš tā pastāvēšanas pirmā brīža. Šo informāciju atbalsta arī neierobežota enerģija, kas liek tai cirkulēt visur, kur tas ir nepieciešams.

Septītā sajūta.

Lai piekļūtu nelokālajam līmenim, piecas maņas mums nevar palīdzēt, un arī intuīcija nevar palīdzēt. Mums ir vajadzīga septītā maņa, kas mums jāsāk attīstīt. Kamēr sestā maņa nāk mums palīgā, apstrādājot informāciju, ko esam rūpīgi uzkrājuši ikdienas pieredzē, septītā maņa var ļaut mums sazināties ar ārkārtīgi bagātāku nogulumu, visu Visuma pieredzi. No šīs atradnes rodas priekšnojautas, nākotnes vīzijas un viss parādību loks, ko mēs saucam par ekstrasensorām.

Nelokalitātes līmeni vienmēr ir paredzējusi katra civilizācija, katra filozofija un katra reliģija, un šodien mums ir pierādījumi par tās pastāvēšanu. Mēs arī zinām, ka izlūkošana pārrauga nelokalitātes darbību. Patiešām, kā to varētu pārvaldīt nejaušība?

No šī līmeņa mēs saņemam ziņas. Tie bieži ir simboliski, un mums ir grūti tos atšifrēt, taču iespējams, ka drīz cilvēce spēs izveidot augstāku izpratnes līmeni.

Ikviens var nosaukt šo līmeni ar sev tīkamāko vārdu: Universālais prāts, Globālais prāts, Ideju pasaule, Visuma prāts, Kolektīva bezsamaņa, Nelokalitāte, Tao, Atmans, Dievs, Svētais Gars. Mēs zinām, ka tā pastāv, un mēs zinām, ka no šī Ķermeņa nāk noderīgi palīglīdzekļi indivīdu izaugsmei un visas cilvēces attīstībai. Šos palīglīdzekļus esam nosaukuši par "nozīmīgām sakritībām" vai "sinhronitātēm", taču ikviens var tos saukt, kā vēlas: iedvesmu, pareģojumu, atklāsmju, brīnumu.

Mēs, iespējams, nekad neuzzināsim, par ko mēs runājam, taču svarīgi ir tas, ka, lai gan agrāk mēs runājām par miglainām hipotēzēm, šodien mēs runājam ar lielāku pārliecību un pārliecību par augstāku garīgo vai psihisko līmeni, kas patiešām pastāv.

Bibliografia

Acheson David # One thousand eighty-nine and other magic numbers.
Aguirre Anthony # Zen and Multiverses
Allen Steve # Deceptions of logic
Ambesi Alberto # Panteismo
Amir Dan Aczel #Entanglement. The greatest mystery of physics.
Amir Dan Aczel # The Mystery of the Alef
Amir Dan Aczel # The God Equation
Anderl Sybilla # The universe and me. A philosophy of astrophysics
Angier Natalie # The canon of science. Guided tour from the infinitesimal to infinity for enthusiastic beginners...
Anthes Emily # Quick Guide for Brainiacs: The Mind
Armstrong David # What is metaphysics
Asimov Isaac # The Physics Book
Asimov Isaac # In the beginning. The book of genesis interpreted.
Asimov Isaac # The invisible universe
Baker Stephen # The secret power of mathematicians
BakerJoanne # Quantum Physics. 50 great ideas
Barbour Julian # The point of Janus. A new theory of time
Julian Barbour # The End of Time.
Barrow, Tipler # The anthropic principle.
Barrow John David # 1+1 does not (always) do 2
.
Barrow John David # From the Self to the Cosmos
Barrow John David # The numbers of the universe

Barrow John David # The Book of Universes. Complete guide to possible universes
Barrow John David # The mono within the world
Barrow John David # Infinity
Barrow John David # The universe as a work of art
Barrow John David # The Pictures of Science
Barrow John David # The Origins of the Universe
Barrow John David # Why is the world mathematical?
Beitman Bernard # Messages of coincidences.
Bergson Henri # Essay on the immediate data of consciousness
Berkeley George # Philosophical Works
Berti Enrico # History of metaphysics
Bocchi G, Ceruti M. # Origins of stories
Bodanis David # $E=mc^2$. Biography of the equation that changed the world
Bogdanov Igor # Before the Big Bang. The origin of the universe
Bohm - Khrisnamurti # Where time ends
Bohm - Khrisnamurti # The limits of thought
Bõhm Conrad # The Keys of the Cosmos
Bohm David # Universe Mind Matter
Brockmn John # That's not true but I believe it
Bruno Giordano # Of the infinite universe and worlds
Bryson Bill # A Brief History of (Almost) Everything
Burgin Luc # Errors of science
Cambray Joseph # Synchronicity. Nature and psyche in an interconnected universe.
Campbell, Joseph # Dee. The mysteries of the divine feminine
Campbell, Joseph # The Inner Reaches of the Cosmos. The metaphor in myth and religion
Capra F. Luisi P.L. # Life and nature. A systemic view.
Goat Fritjof # The turning point
Goat Fritjof # The Tao of Physics.
Goat Fritjof # The science of life
Goat Fritjof # Towards a new wisdom
Cattabiani Alfredo # Planetarium
Cederquist John # Coincidences don't exist.
Cesati Cassin Marco # Non siamo qui per caso. Il potere delle coincidenze.
Chandrasekhar Sub. # Truth and beauty. The reasons for aesthetics in science.
Close Frank # Theories of everything

Scatti Monica # Buchi neri evanescenti
Coppens Yves # The construction of prehistory
Couliano Joan # The journeys of the soul
Coustè Alberto # Brief history of the devil
Currivan Jude # The Cosmic Hologram
D'Ancona Vittorino # Greek mythology
Damasio Antonio # Emotion and conscience
Damasio Antonio # Descartes' error. Emotion, reason and the human brain
Dask Mike # Beyond Borders
Davies Paul # How to build a time machine
Davies Paul # God and the new physics
Davies Paul # The last three minutes
Davies Paul # The Mysteries of Time. The universe after Einstein
Davies Paul # The Intelligent Cosmos
Davies Paul # The fleeing universe
Davies Paul # The Mind of God
Davies Paul # Are we alone?
De Santillana Giorgio, Von Dechend Hertha # Hamlet's mill. Essay on myth and the structure of time.
Du Sautou Marcus # The perfect mess
Du Sautou Marcus # The Million Dollar Equation
Du Sautou Marcus # The impossible theories. What are the limits of science?
Dumezil Geoges # Archaic Roman religion
Albert Einstein # Albert Einstein. Relativity and new physics
Einstein Albert # The world as I see it
Einstein Albert # Thoughts, ideas, opinions
Einstein, Infeld # The evolution of physics
Ekelan Ivar # Chaos
Facchini- Magnani # Myths and rites of prehistory
Faggin Federico # Irriducibile, Conscience, life, computers and our nature
Faggin Federico # Silicon
Falletta Nicholas # The Book of Paradoxes
Federrici Vescovini G. # Magico Medioevo
Ferris Timothy # The Adventure of the Universe. From Aristotle to quantum theory and beyond: a never ending story
Albertini Foundation # Prove e indizi dell'aldilà
Andrea Sardos Foundation # Prove e indizi dell'aldilà. Il caso Andrea
Ford Kenneth # The quantum world. Quantum physics

Franks E.M. # Carl Jung's theory of psychological types
Fraser J. T. # Time: an unknown presence
Frazer James # The golden branch
Friedman Richard # Who Wrote the Bible?
Gallippi Angelo # Federico Faggin. Il padre del microprocessore
Gamow George # Gravity
Gamow George # The Adventures of Mr. Tompkins. Daedalus Editions
Gamow George # New World of mr. Tompkins. Zanichelli
Gamow George # Thirty Years That Shocked Physics
Giacomelli Giorgio # Dal quark al big bang
Giuliodori Lucio # Sul concetto di sincronicità: Jung tra psicoanalisi e quantismo
Giuliodori Lucio # Tra fisica e metafisica. Alcune implicazioni
Atlanti Giunti # Geografia generale, astronomia e cartografi
Gleick James # Chaos. The birth of a new science
Goldman Jane #Xfiles. The Book of Incredible Facts
Goswami Amit # Quantum Guide to Enlightenment. Mediterranean Editions
GrazianoMichael # Rethinking conscience
Grecchi Vittorio # The brain field lies
Greek Peter # The origin of the universe
Greene Brian # Until the end of time. Mind, matter and the search for meaning in an ancient universe
Greene Brian # The elegant universe. Superstrings. hidden dimensions and the search for the ultimate theory.
Greene Brian # The Elegant Universe
Greene Brian # The Hidden Reality
Greene Brian # The hidden reality - parallel universes and profound laws of the cosmos. Philosophies of sciences
Greene Brian # The plot of the cosmos. Space, reality.
amazing things happen every day
Harner Michael # The Way of the Shaman
Harrison Edward # The Masks of the Universe
Hawking - Penrose # The nature of space and time
Hawking Heckler # The Grand Design.
Hawking -Mlodinov # From the Big Bang to black holes. Brief history of the universe. Mondadori
Hawking Stephan # Holes nr and newborn universes
Hawking Stephen # The universe in a nutshell. Oscar Saggi Mondadori.

Hawking Stephen # The Great History of Time. Mondadori
Stephen Hawking # The Theory of Everything. Origin and destiny of the universe. Mondadori.
Hawking Stephen # Gazing up at the stars
Heckler Richard # Coincidences
Heidegger, Martin # What is metaphysics?
Heidegger, Martin # The concept of time
Heisenberg Werner # Physics and Philosophy
Hermann Greta # Physics and philosophy
Higfield, Roger # The Science of Henry Potter
Hillman, James # The Soul Code
Huxley Aldous # Brave New World. Back to the new world.
Jaffè Aniela # Dreams, prophecies, apparitions
Jaynes Julian # The Breakdown of the Bicameral Mind and the Origin of Consciousness
Johnson Steven # Where great ideas are born. Natural history of innovation
Joseph Frank # The Power of Coincidences. The meeting point.
Jou David # Rewrite Genesis. In search of the mathematical formula of creation
Jung Carl # Animus and anima
Jung Carl # Experience and mystery
Jung Carl # The Red Book. Liber novus.
Jung Carl # Jung speaks Interviews and meetings
Jung Carl # The analysis of dreams. The archetypes of the unconscious. The synchronicity.
Jung Carl # The ego and the unconscious
Jung Carl # Man and his symbols
Jung Carl # The psychic dimension. Collection of writings.
Jung Carl # Psychology of the unconscious
Jung Carl # Memories and reflections.
Jung Carl # Psychological types
Kaku Michio # The future of humanity
Kaku Michio # Hyperspace
Kaku Michio # The divine equation
Kane Gordon # The Garden of Building Blocks. Longanesi
Karsenti Eric # A Brief History of the Origins of Life. From the cell to the human being, the most beautiful story ever told: ours
Kauffman Stuart # Reinventing the sacred
Krauss Lawrence # The Universe from Nothing
Krauss Lawrence # The Physics of Star Trek

Kumar Manjit # Quantum. From Einstein to Bohr, a new idea of reality.
Kundera Milan # Immortality
Kung Hans # Chinese Christianity and Religiosity.
Lanza R. + Herman # Biocentrism
Lanza Robert # The grand biocentric design
Lanza Robert # Beyond biocentrism
Laszlo Erwin # Science and the Akashic Plan
LaszloErvin # The Immortal Mind
Ledoux Joseph # The emotional brain
Licata Ignazio # Observing the Sphinx. DiRenzo Publisher.
Lindley David # Einstein's moon
Lipton Bruce # The Biology of Belief
Lurker Manfrd # Dictionary of Biblical Pictures and Symbols
Massimini Tononi # Nothing greater
Mavaldi Marco # The two heads of the tyrant. Mathematical methods for freedom
McTaggart Lynne # The secret force of the universe. The zero point field
McTaggart Lynne # The Bond. The quantum link
Mecacci Luciano # Identikit of the brain
Michell John # Astroarchaeology
Mullis Kary # They dance naked in the field of mind
Musso Paolo # Science and the idea of reason. Science, philosophy and religion from Galileo to black holes and beyond.
Muzzio Publisher # Caos. Una scienza per il mondo reale
Nagel Thomas # A very short introduction to philosophy
Neumann Erich # History of the origins of consciousness
Nietzsce # Beyond good and evil
Nietzsche Friedrich # Thus Spoke Zarathustra
New Syntheses # Galileo Newton Einstein
O'Keane Veronica # The Bazaar of Memory. How we build memories and how memories build us
O'Regan J. Kevin # Why colors don't play. A new theory of consciousness
Pauli Wolfgang # Psyche and nature
Pearson Carol S. # The hero within us
Peat David # The Paths of Chance
Peat David # Synchronicity. A union between matter and psyche. Magi Editions

Peiretti Federico # Il matematico si diverte. Duecento giochi e puzzle che hanno fatto la storia della matematica
Pellegrini Massimo # Fisica quantistica per principianti
Penrose Roger # The Universe is still a secret
Penrose Roger # The Emperor's New Mind
Penrose Roger # The road that leads to reality
Perconti Pietro # Conscience. Philosophical lexicon
Pichot André # The birth of science. Mesopotamia, Egypt, Ancient Greece
Pim van Lommel # Consciousness beyond life
Pinotti-Baccarini # Italia esoterica
Popper Karl # The ego and its brain. Armando Publisher.
Powell Arthur # The astral body and related phenomena
Prattico Franco # From chaos… to conscience
Privitera Agata # MBT The Myers-Briggs theory and the 16 personalities
Proverb Edward # Archaeoastronomy
Radin Dean # Interconnected Minds. Psychic phenomena explained by quantum physics.
Ramorino Felice # Classic mythology illustrated
Randall Lisa # Curved passes. The mysteries of the hidden dimensions of the universe
Ranucci Stefano # Physics of the other world. When consciousness and quantum physics explain the paranormal
Reda Giuseppe # Energy and its forms of existence
Reeves Hubert # Cosmic Evolution
Regge Tullio # Infinity
Renn Jurgen # The evolution of knowledge
Rey Olivier # Itineraries of bewilderment. What if science were a great metaphysical enterprise?
Rezzolla Luciano # The irresistible attraction of gravity. Journey to the discovery of black holes
Robinson Richard # Why does toast always fall buttered side up? The brilliant scientific explanation of Murphy's Laws
Rodriguez Pepe # God was born a woman
Rowan Robinon # The nine numbers of the cosmos. The origin and nature of our universe
Rucker Rudy # The Fourth Dimension. A guided journey into higher order universes
Russel Bertrand # Dictionary of physical and moral logic
Russo Lucio # The forgotten revolution. Greek scientific thought

Russo Michele # Is life a “case” of matter?
Essay Isabella # Age, if any
Sale Musio Carla # Communicating with those who no longer have a body
Sarle John # The Mystery of Conscience
Schoch Robert # The voice of the stones. Lost civilizations
Searle John # The mind
Sheldrake Rupert # The Extended Mind. Hooray.
Sheldrake Rupert # The illusions of science. Hooray.
Siegfried Tom # The Number of Heavens. A story of the multiverse and the quest to understand the cosmos
Sigman Mariano # The Secret Life of the Mind. How our brain works when it thinks, feels, decides
Singer Charles # A Brief History of Scientific Thought
Sissa ISAS laboratories # Chaos and complexity
Smith Michael # Jung and shamanism.
Smolin, Lee # Einstein's Unfinished Revolution. The search for what is there
Sorensen Roy # Philosophical Wonder Room
Sparzani and Panepucci # Jung e Pauli. La corrispondenza originaria:
Stanzani Maserati # Consciousness and meaning
Stapp Henry# Quantum Theory and Free Will. Springer International Publishing.
Stavros Joshua # Shamanism
Stein Murray # The principle of individuation. Towards the development of consciousness
Stenger Victor # Why Science Doesn't Believe in God. Faith's Lost Challenge to Reason
Styer Daniel # Really understanding relativity. Discovering Einstein's theory
Sun-Tzu # The Art of War
Surace Graziano # The Quantum of Challenge
Surprise Kirby # Sincronicità. Comprendere e utilizzare coincidenze significative
Talbot Michael # All is one. Feltrinelli
Teodorani Massimo # Bohm. The physics of infinity.
Teodorani Massimo # Entanglement. The entanglement in the quantum world: from particles to consciousness.
Teodorani Massimo # The great celestial numbers
Teodorani Massimo # The atom and the elementary particles. Macro Editions

Teodorani Massimo # The creative mind. From the physical universe to intelligent life. Macro Editions.
Teodorani Massimo # Telling the universe. Popular introduction to astrophysics
Teodorani Massimo # Synchronicity. The link between physics and psyche. From Pauli to Jung to Chopra.
Teodorani Massimo # Teleportation
Teodorani Massimo # Tesla. A brillant idea
Tesla Nicola # My inventions. The autobiography of a genius
Tesla Nikola # On increasing human energy
Frank Tipler # The physics of immortality. Double day.
Tong Ziya # When you look at the world and you don't see it
Toni Paolo # Mathematical sparks. Games and competitions of creativity and logic
Tononi Edelman # A universe of consciousness
Tononi Giuio # PHI A journey from the brain to the soul
Vaas Rudiger # Hawking. Universe, space, time
Vacca Roberto # You too are a mathematician
Vafa Cumrun # Puzzles to decipher the world
Vassallo Nicola # Philosophies of the sciences
Vidali Paolo # History of the idea of nature. From Greek Thought to Anthropocene Consciousness
Vincenzo Lorenzo # Enlightenment.
Vitebski Piers # Shamans
Von Franz Marie-Louise # Divination and synchronicity. Psychology of significant coincidences
Von Franz Marie-Louise # Fairy tales interpreted
Von Franz Marie-Louise # Psyche and matter
Von Franz Marie-Louise-ok # Psychological typology. The functions of consciousness: thinking and feeling, intuition and sensation
White John # The meeting of science and spirit. Publishing Practices.
Widmann Claudio # Introduction to synchronicity. Magi Editions.
Widmann Claudio # Synchronicities and significant coincidences. Magi Editions.
Wiener Anna # The dark valley
Wigner Eugene # The unreasonable efficacy of mathematics in the natural sciences
Wilber Ken # Quantum Issues
Wilson Edward # Wonderful Harmony
Wolf Fred # Time loops and space twists. How God created the universe. Find out why space, time and matter are closely connected

Wolke Robert # To his barber Einstein told it like this. Daily life and scientific questions
Zeilinger Anton # Einstein's Veil
Zeilinger Anton # The dance of photons
Wandering Dionysus
Zoppi Giorgi0 # Cosmology with six difficulty levels

Drukāšana pabeigta 2023. gada jūnijā

Bruno Del Mediko, emuāru autors, rakstnieks, itāļu izdevējs, specializējies ar sociālajām aktualitātēm un zinātnes jaunajām robežām saistītu jautājumu izplatīšanā. Viņš ir daudzu tekstu, kas saistīti ar neseno pandēmiju, un specializētas sērijas par kvantu fiziku un metafiziku autors.